科学普及读本
EXUE PUJI DUBEN

哺乳动物

Buru Dongwu 雅风斋 编著

金盾出版社

内 容 提 要

哺乳动物是动物中最具智慧的一种，《哺乳动物》从哺乳动物的产生与进化、哺乳动物的生理特征等方面，介绍了哺乳动物的基本情况，还对常见的和具有特色的哺乳动物进行了列举与介绍，加入了许多关于哺乳动物的趣闻知识。本书图文并茂，趣味性强，是一本非常适合青少年的科普读物。

图书在版编目（CIP）数据

哺乳动物/雅风斋编著. —北京：金盾出版社，2012. 4
（科学普及读本）
ISBN 978 - 7 - 5082 - 7465 - 2

Ⅰ. ①哺… Ⅱ. ①雅… Ⅲ. ①哺乳动物纲—青年读物 ②哺乳动物纲—少年读物 Ⅳ. ①Q959. 8 - 49

中国版本图书馆 CIP 数据核字（2012）第 033555 号

金盾出版社出版、总发行
北京太平路 5 号（地铁万寿路站往南）
邮政编码：100036 电话：68214039 83219215
传真：68276683 网址：www. jdcbs. cn
三河市兴国印务有限公司印刷、装订
各地新华书店经销
开本：710 × 1000 1/16 印张：12
2012 年 6 月第 1 版第 1 次印刷
印数：1 ~ 20 000 册 定价：29. 60 元

目录

Contents

人类的近亲——哺乳动物

哺乳动物是我们人类最为熟知的动物，诸如我们食用的猪、牛，到宠物猫、狗，再到动物园里看到的大象、老虎，乃至我们人类的近亲猴子和猩猩，都是哺乳动物。甚至我们人类，从生物学的角度来看，也是哺乳动物。

什么是哺乳动物

哺乳类动物是一种恒温、脊椎动物，身体有毛发，大部分都是胎生，并通过乳腺哺育后代。哺乳动物是动物发展史上最高级的阶段，也是与人类关系最密切的一个类群。

哺乳动物的特征

哺乳动物是脊椎动物亚门下的一个纲，其学名是哺乳纲。哺乳动物的特征是具有乳腺（无论雌雄），其中雌性哺乳动物的乳腺高度发达。在辨别雄性和雌性哺乳动物上，可以根据汗腺、毛发、中耳听小骨以及脑部新皮质上的不同来区别。

美丽的哺乳动物

哺乳动物的分类

趣味链接

全世界现存的哺乳动物约有4180种，我国约有509种。

哺乳动物根据生育方式分为三个主要下纲：单孔目动物、有袋类动物、有胎盘哺乳动物。除五种单孔目的哺乳动物外，所有哺乳动物都是直接生产后代的。大多数的哺乳动物拥有专门适应其生存条件而成的牙齿。哺乳动物以脑调节体内温度和循环系统（包括心脏）。全世界估计有5400种哺乳动物。

美丽的哺乳动物

哺乳动物分为2个亚纲：原哺乳亚纲（包含卵生的单孔目动物）、兽亚纲（包含有胎盘哺乳动物和卵胎生的有袋类动物）。

多数的哺乳动物（包括六个最大目）属于有胎盘哺乳动物。

其中三个最大目分别是啮齿目、翼手目和鼩形目。啮齿目包括鼠类、翼手目包括蝙蝠、鼩形目则包括鼩鼱、鼹鼠及沟齿鼠。

另三个最大目则是食肉目（狗、猫、鼬、熊、海豹等），鲸偶蹄类（有蹄动物、鲸鱼），灵长目（包括人类）。

哺乳动物全家福——28目及代表动物

哺乳动物隶属于动物界，脊索动物门，脊椎动物亚门，哺乳纲。

哺乳动物种类繁多，分布广泛，主要按外型、头骨、牙齿、附肢和生育方式等来划分，习惯上分三个亚纲：原兽亚纲（包括下面

的1～3）、后兽亚纲（包括下面的4～9）、真兽亚纲（包括下面的10～28），现存约28个目4000多种。

哺乳动物分类和代表动物如下：

原兽亚纲

单孔目

单孔目是哺乳纲动物中原兽亚纲的仅有的一目。有2科3属3种，只分布在大洋洲地区，主要在澳大利亚东部及塔斯马尼亚岛以及新几内亚岛生活。历史上曾存在另外两个科，但都已灭绝。现有针鼹科和鸭嘴兽科。

代表动物有针鼹和鸭嘴兽，都是澳大利亚的象征动物之一。

鼩负鼠目

鼩负鼠目为哺乳纲的一个目，只有鼩负鼠科一科，包括鼩负鼠属、秘鲁鼩负鼠属、智利袋鼠属，现存只有6种。

代表动物有鼩负鼠、智利袋鼠等。

智鲁负鼠目

智鲁负鼠目，又名小负鼠目，是有袋下纲下的一个目，其下只有微

兽科。这个目下的大部分物种都已经灭绝，只剩下代表动物南猊。

后兽亚纲

袋鼬目

袋鼬目包含大部分肉食性有袋类哺乳动物，包括袋鼬。

由于肉食动物的相似性，该目动物与其他肉类动物在外观上存在类似的地方。在欧洲早期殖民者的称呼中可以反映出来，如袋狼被称为塔斯马尼亚虎，袋鼬被称为土猫。

袋貂目

代表动物为灰树袋鼠、灰袋貂等。

袋狸目

袋狸目是包括了袋狸及兔袋狸的一目，接近“杂食性有袋类”的主支。其下所有成员都是澳大利亚及新几内亚的原住民，大部分都有袋狸的体态：肥胖、弓背、尖长的吻、很大的耳朵、幼长的脚及幼的尾巴。它们的体型介乎140克至2千克，大部分都有约1千克重。

代表动物包括袋狸及兔袋狸，共有20个现存物种，3个已灭绝。

哺乳动物

有袋目

在现生的有袋类中，负鼠科和新袋鼠科分布在南、北美洲，其余的科分布在大洋洲。大洋洲的有袋类占据了相当于其他大陆有胎盘类所占据的全部生态龛：有食草的、食虫的、食肉的和杂食的，有奔跑的、跳跃的甚至滑翔的，有地栖的、树栖的以及地下生活的种类。有袋类中的袋狼、袋鼯、袋鼹、袋貂、袋熊、袋狸等都可在有胎盘类中找到适应上十分相似的种类。

袋鼹目

代表动物有袋鼹。

袋鼠目

广泛分布于大洋洲澳大利亚、塔斯马尼亚岛、新几内亚，印度尼西亚东部及其邻近岛屿。

代表动物有树袋熊、袋熊、鼠袋鼠、大袋鼠、树袋貂等。

真兽亚纲

贫齿目

贫齿目是现存最古老的真兽类，成员包括行动最慢的树懒，少数有鳞甲的犰狳，舌头最长的食蚁兽。原来还包括土豚和穿山甲。后来证实土豚和穿山甲与贫齿目没有太大关系。

食虫目

食虫目是一类小型动物，其代表动物就是可爱而坚强的刺猬。

食虫目动物在中生代的白垩纪地层中就已出现。通常认为食肉目、翼手目、啮齿目都是由早期的食虫目分化出来的。代表动物基本就是鼩鼱类、鼹类和刺猬类。

食虫目寿命一般不长，鼩鼱只能活6周，如果几小时不进食就会因无法维持体温死亡，最长的刺猬也就只能活10年左右，食虫目对人类的经济意义不大，可以控制部分虫害，但有的种也能传染鼠疫、疟疾等疾病。

树鼩目

树鼩目为小型树栖食虫的哺乳动物。均分布于东南亚热带森林中，外形似松鼠。其代表动物为树鼩。

皮翼目

皮翼目现存代表仅包括鼯猴科一科一属，特产于东南亚，有两种。菲律宾鼯猴分布于菲律宾群岛，马来西亚鼯猴（斑鼯猴）分布于中南半岛南部到大巽他群岛一带。

翼手目

翼手目的代表动物就是我们熟知的蝙蝠，蝙蝠是对翼手目动物的总称。

翼手目是哺乳动物中仅次于啮齿目动物的第二大类群，现生种共有19科185属962种，除极地和大洋中的一些岛屿外，分布遍于全世界。

翼手目的动物在四肢和尾之间覆盖着薄而坚韧的皮质膜可以像鸟一样鼓翼飞行，这一点是其他任何哺乳动物所不具备的，为了适应飞行生活，翼手目动物进化出了一些其他类群所不具备的特征，这些特征包括经过长期进化而特化伸长的指骨和链接期间的皮质翼膜，前肢拇指和后肢各趾均具爪可以抓握，发达的胸骨进化出了类似鸟类的龙骨突，以利胸肌着生，发达的听力等。

灵长目

灵长目是与我们人类最密切、最接近的动物。我们所熟悉的大猩猩、狒狒、长臂猿都属于灵长目。我们人类也属于灵长目。

它是目前动物界最高等的类群。大脑发达；眼眶朝向前方，眶间距窄；手和脚的趾（指）分开，大拇指灵活，多数能与其他趾（指）对握。包括原猴亚目和猿猴亚目，主要分布于世界上的温暖地区。灵长类中体型最大的是大猩猩，体重可达275千克，最小的是倭狨，体重只有70克。

食肉目

食肉目是小朋友们最喜爱的动物类群了。狮子、老虎、豹子、狼、黑熊，乃至猫和狗，都属于食肉目。中国的国宝大熊猫，虽然主要以竹子为食，但它也属于食肉目，因为它也吃肉。本目动物世界分布极其广泛，除了大洋洲外，分布于其他所有大洲。

鲸目

鲸虽然生活在海里，但是它也是哺乳动物，而不是鱼类。所有的鲸类，如白鲸、蓝鲸、长须鲸、座头鲸都是代表动物，海豚也属于鲸目。

海牛目

海牛目在海洋哺乳动物中是相当特殊的一群，所属物种均为植食性，以海草与其他水生植物为食。现存共有四种海牛目动物，分为两个科：海牛科的3种海牛，有儒艮科的儒艮。儒艮科的另一物种大海牛曾存活至近代，但已在18世纪时被猎捕至灭绝。

长鼻目

长鼻目的代表动物就是我们非常喜爱的大象，包括了亚洲象、非洲象等。

在冰川期有很多现已灭绝的物种，包括与大象相似的猛犸（长毛象）、乳齿象、恐象、铲齿象，还有始祖象。

奇蹄目

顾名思义，奇蹄目就是有奇数脚趾的动物，现存奇蹄类只有马科、貘科和犀牛科。代表动物有马、斑马、貘、犀牛等。

蹄兔目

蹄兔目体型似兔，脚上有蹄，脚掌有特殊附着力，适合爬树或在岩石上攀登。蹄兔为树栖性或地栖性，食植物或昆虫，背上有用于驱敌的腺体。

代表动物有蹄兔、南非树蹄兔等。

管齿目

管齿目的唯一代表动物就是非洲的土豚。是特产于非洲的一个小目，虽然趾端无蹄而具发达的爪，却和有蹄类有较近的亲缘关系，可能起源于踝节类这样的古有蹄类，但和非洲其他的有蹄类关系较远。

偶蹄目

偶蹄目是唯一在现代仍然繁盛的有蹄类。约220种，其中包括许多对人类生活很重要的动物。因蹄多为双数，且第三、四趾同等发育，共同支持体重而得名。

几乎所有的人类文明里都有偶蹄动物的存在（比如旧大陆诸文明里的牛、羊、骆驼，南美印第安人文明里的骆马、羊驼等）。人类最早驯化的家畜里就有偶蹄动物。偶蹄动物是构成了人类畜牧业和农业的重要成分，是人类最主要的肉、乳制品来源动物，也是皮革业的重要来源动物。

鳞甲目

鳞甲目是平常人看起来很奇异的动物。代表动物有穿山甲。

鳞甲目动物栖息于森林、浓密的灌丛、开阔地带或大草原等地。以白蚁、蚂蚁等为食。分布于亚洲、非洲的热带、亚热带地区。在欧洲德国南部和西班牙渐新世和中新世地层和亚洲更新世地层中发现有鳞甲目动物的化石。

啮齿目

啮齿目可能是自然界所有动物中最令人讨厌的动物了，它的代表动物就是老鼠。该目种数约占哺乳动物的40～50%，个体数目远远超过其他全部类群数目的总和。拥有“地球末日时最后一个幸存的动物”的顽强称号。

兔形目

兔形目是很多人的宠物，它的代表动物就是野兔和家兔，还有鼠兔。

象鼩目

象鼩是一类非洲原住的食虫哺乳动物，属于象鼩目。它们有着很像象的长

趣味链接

哺乳动物的5大主要特征：

1. 全身被毛。
2. 出现口腔咀嚼和消化。
3. 体温恒定，对环境依赖性减少。
4. 具有高度发达的神经系统和感官，协调能力强。
5. 胎生、哺乳，后代成活率高。

鼻。它们广泛分布在南部非洲，由纳米比沙漠至南非及大森林中都有。其中的北非象鼩则生活在非洲西北部半干旱及多山的地区中。

鳍脚目

最后，轮到我们可爱、笨拙、憨厚的海狮、海豹、海象登场了，海狗与海狮同属海狮科。鳍脚目由古代食肉类分出，与食肉目动物是近亲。向水中发展的一支水柄大型食肉兽，水栖。

哺乳动物的起源

早期的哺乳动物

古生物学家普遍认为，哺乳动物真正形成体系在5600万年前，哺乳类起源于古代爬行类。

大约距今2亿年，在中生代三叠纪的末期，从一些比较进步的兽形爬行动物分化出最早的哺乳动物。其起源时间比鸟类还要早（最早的鸟类化石出现在侏罗纪）。

早期的哺乳动物个体都很小，数量也少，和当时在地球上占统治地位的恐龙类相比是渺小的。但是这些原始的哺乳动物，在体型结构上具备着爬行动物高级的特点，当进入新生代的时候，大多数爬行动物绝灭了，而这些代表着新生力量的哺乳动物得到了空前的发展。在生物史上，新生代被称为“哺乳动物时代”。哺乳动物起源于爬行动物，但现代爬行动物和哺乳动物有着很大的区别。

科学家们最新研究表明，哺乳动物有两个最古老的类群出现于1亿多年前，当时地球上称为冈瓦纳大陆的巨型南方大陆正在分裂。哺乳动物的祖先曾经和恐龙处于同一时代。

“獭形狸尾兽”

21世纪初，中国和美国科学家宣布发现了迄今最古老的水生哺乳动物。它生活在侏罗纪，大小与河狸相仿。这种哺乳动物的化石在中国内蒙古自治区被发现，并被命名为“獭形狸尾兽”，它生活在距今约1.64亿年前的侏罗纪中期。科学家们发现，“獭形狸尾兽”化石表明它拥有哺乳动物最重要的特征之一——体毛，同时它的尾部还有鳞片的痕迹，说明它是一种非常原始的哺乳动物。

“獭形狸尾兽”的体型也大大超出其他已被发现的早期哺乳动物。它的化石从喙部到尾巴全长425毫米，而活体可能更长，相当于一只雌性鸭嘴兽大小。科学家估计，其体重可能有500克到800克，而同期的陆生哺乳动物体重不过50克左右。

科学家们指出，这一发现表明，哺乳动物适应水生生活的历史远远超出人们的估计。

早期哺乳动物的高等之处

从化石上看，哺乳动物（尤其是早期的哺乳动物）与爬行动物非常重要的区别在于其牙齿。爬行动物的每颗牙齿都是同样的，彼此没有区别，而哺乳动物的牙齿按它们在颌上的不同位置分化成不同的形态，动物学家可以透过各种牙齿类型的排列（齿列）来辨识不同品种的动物。

獭形狸尾兽化石

趣味链接

动物的进化之路（一）

单细胞动物（鞭毛虫）——腔肠动物（水螅）——扁形动物（涡虫）——环节动物（水蛭）{软体动物（蜗牛）——节肢动物（昆虫）}——棘皮动物（海星）——脊椎动物（古代鱼类）——两栖类（青蛙）——爬行动物{鸟类（翠鸟）和哺乳类（老虎、人）}

此外，爬行动物的牙齿不断更新，哺乳动物的牙齿除乳牙外不再更新。在动物界中只有哺乳动物耳中有三块骨头。它们是由爬行动物的两块颌骨进化而来的。

到第三纪为止所有的哺乳动物都很小。在恐龙灭绝后哺乳动物占据了许多生态位。到第四纪哺乳动物已经成为陆地上占支配地位的动物了。

漫长的进化之路

生物大灭绝

大量的资料显示，哺乳动物是在恐龙灭绝后的相当长一段时间里繁荣起来的。

6500万年前，生物进化史上著名的生物大灭绝事件，导致了约75～80%的物种灭绝。长达数亿年之久的恐龙时代在此终结。

在恐龙灭绝的时候，哺乳动物的体型介于鼩鼱和猫之间。由于恐龙灭绝，新的哺乳动物才有了更多的食物和栖息地，进而大规模地繁殖，并由此形成了一些新的物种。然而，一些新的研究成果表明，这些新形成的物种并没有留下后代。现代的一些哺乳动物，如啮齿类动物、猫科动物、马、大象以及人类的祖先并没有在这个时期出现。相反，这些动物的祖先在1亿年前到8500万年前以及5500万年前到3500万年前内曾出现了大爆炸式的演化。

多数哺乳动物的出现

大多数哺乳动物，包括灵长类、啮齿类和有蹄类的祖先，都是在6500万年前的大灭绝之前就出现的，并且成功地躲过了这次大灭绝。直到大灭绝后的1000万到1500万年，存活下来的各个哺乳动物种系，才开始走向繁盛并多样化起来。有些哺乳动物确实从这次大灭绝中得到了好处，但它们和现存的哺乳动物关系较远，其中的大部分在随后的进化中灭绝了。

哺乳动物的多样化

研究表明，白垩纪末期，生物大灭绝之后，哺乳动物爆炸式的增长并不是原来认为的短期内完成的，实际的进程要长很多。这一发现，对原来认为的白垩纪末期生物大灭绝，造成现今哺乳动物的多样化有着重要的直接影响的这一假说提出了挑战。

保守势力对达尔文画的讽刺画

在对40多个现存的哺乳动物种系进行了分析对比之后，可以发现哺乳动物的多样化发展速度，在白垩纪末期生物大灭绝

达尔文

后，与第三纪的交接点处基本上没有改变。因此，认为恐龙灭绝后，哺乳动物多样化的速度会加快的观点也就不成立了。一些科学家认为，这项研究成果，打开了更好了解哺乳动物进化历史的大门，也迫使人们重新去研究影响较晚期哺乳动物繁荣发展的生态和其他因素。

达尔文的进化论

在人类认识自身的发展史上，最具有里程碑意义的事件就是达尔文的《物种起源》的问世了。在这部著作里，它以全新的进化思想推翻了神创论和物种不变论，把生物学建立在科学的基础上，提出震惊世界的论断：生命只有一个祖先，生物是从简单到复杂，从低级到高级逐渐发展而来的。进化论简式如下：无脊椎动物——脊椎动物——哺乳动物——灵长类动物——猿猴类动物——人类。

达尔文的《物种起源》自1859年在英国伦敦出版以来，受到众多市民的热烈欢迎，被争相购买。这本书的第一版1250册在出版之日就全部售出。

进化论的伟大意义

达尔文的生物进化理论提出之后，在社会上引起了广泛的争议，被当时的教会视为异端邪说；不仅上帝创造万物的说法被推翻，人类也被形容为千百年来残酷的生存竞争所形成的产物，还隐约指出人是从动物进化而来的。社会各界也对达尔文的说法冷嘲热讽。但是，随着越来越多物证支持达尔文的理论，时至今日该书大多数的观点已被当今的科学

趣味链接

动物的进化之路（二）

1. 太古宙：原核生物——细菌和蓝藻——从无生命到有生命。

2. 元古宙：原核、真核生物——褐藻及红藻、震旦乌藻——从原核到真核生物进化。

3. 寒武纪：原核、真核生物、节肢动物——三叶虫——从真核到节肢动物进化。

4. 奥陶纪：原核、真核、腔肠、节肢动物、脊椎动物——三甲鱼——第一次生物大灭绝80%。

5. 泥盆纪：原核、真核、腔肠、节肢动物、脊椎动物、陆生动物——蕨类植物——第二次生物（海洋）大灭绝。

6. 石炭纪：原核、真核、腔肠、节肢动物、脊椎动物、陆生动物、两栖动物——蜥蜴。

7. 二叠纪：原核、真核、腔肠、节肢动物、脊椎动物、陆生动物（两栖动物、爬行类）——爬行类大量繁殖，三叶虫灭绝——第三次生物大灭绝95%。

8. 三叠纪：原核、真核、腔肠、节肢动物、脊椎动物、陆生动物（两栖动物、爬行类）——爬行类动物（恐龙）和裸子植物兴盛时代，哺乳动物出现——第四次生物大灭绝（爬行）。

9. 侏罗纪：原核、真核、腔肠、节肢动物、脊椎动物、陆生动物（两栖动物、爬行类）——巨大的食肉恐龙和植食恐龙出现；裸子植物极盛，鸟类第一次出现在陆地上。

10. 白垩纪：原核、真核、腔肠、节肢动物、脊椎动物、陆生动物（两栖动物、爬行类、哺乳类）——恐龙渐渐灭绝，海洋菊石类也渐渐灭绝——第五次生物大灭绝。

11. 第三纪：原核、真核、腔肠、节肢动物、脊椎动物、陆生动物（两栖动物、爬行类、哺乳类）——哺乳动物，鸟类，真骨鱼和昆虫一起上统治了地球，类人猿的出现。

12. 第四纪：原核、真核、腔肠、节肢动物、脊椎动物、陆生动物（两栖动物、爬行类、哺乳类）——人类的出现与进化。

界所普遍接受。

《物种起源》发表传播后，生物普遍进化的思想以及“物竞天择，适者生存”的进化论已为学术界、思想界所认可，恩格斯将“进化论”列为19世纪自然科学的三大发现之一。

20世纪40年代初，英国人霍尔丹和美籍苏联生物学家杜布赞斯在达尔文思想的影响下，创立了“现代进化论”。可以说，这本书在人类思想发展史上是最伟大、最辉煌的划时代的里程碑，对人类历史有着极大的影响。

认识一下真实的哺乳动物

哺乳动物是动物发展进化的最高阶段，它拥有其他动物，如爬行动物、两栖动物、鸟类、鱼类，所没有的高等特征。所以，认识了哺乳动物，也就是全面了解了动物的进化流程。

哺乳动物有哪些先进性表现

哺乳动物是动物进化的最高阶段，它在很多方面都要超过爬行动物、两栖动物和鱼类。主要表现在以下方面。

有高度发达的神经系统和感官，能协调复杂的技能活动和适应多变的环境条件，在智力和对环境的反应上远远超过其他类群。

恒温（约为25～37℃），完善的血液循环系统，优良隔热性能的体表毛被和其他体温调节的机制，提供了稳定的内环境，减少了对外界环境的依赖，区别于冷血动物。

胎生哺乳，除最原始的单孔类卵生外，都是胎生。高级种类在胚胎与子宫壁之间形成母子营养交换的组织（即胎盘）。母兽对仔兽进行较长期的哺乳和抚育，从而使后代有较高的成活率，仔兽还可通过学习，获得适应技能。

出现口腔咀嚼和消化，大大提高了对能量的摄取。

具有在陆地上快速运动的能力。

已经开始形成较为稳固的社会形态和道德体系。

先进的哺乳动物

具有学习能力，相应开始出现教育体系，便于知识与经验的传承。

形成了语言，开始能够进行多方面全方位的沟通。

捕猎或抗拒捕食形态开始具有军事化形态，并由高级灵长目完善成为战争。

具有领地领土意识，个别社会性属目开始具有政治意识。

开始出现使用工具。

当中生代末地壳运动加剧，环境发生重大改变时，恐龙等爬行动物难以适应和生存，而哺乳类则显示了很强的竞争能力。哺乳动物有很好的适应环境的能力，身体恒温，具有乳腺，可对幼仔哺乳，脑发达，能够支配行动，胎生（单孔类除外），有利于延续后代等等。

所有这些，都为它们的壮大发展提供了自身的优势。进入新生代后，有胎盘类成为哺乳动物大家族的主流，化石和现生哺乳动物的绝大多数都属于有胎盘类。在有胎盘类哺乳动物中，人们熟知的就有食肉目（如猫科动物）、啮齿目（如各种鼠类）、偶蹄目（如猪、牛、羊等）、奇蹄目（如马、驴等）、灵长目（如猴和猿类等）、翼手目（如蝙蝠等）、长鼻目（如象等）和鲸目（如海豚等）。

哺乳动物的皮毛

毛皮或毛发，是绝大部分哺乳动物身上都长有的附生物，也是识别它们的重要特征之一。

它们的毛皮和毛发不仅可以挡住太阳光，保护哺乳动物的皮肤不受伤害，还可以帮助它们保存体内的热量，抵挡外界的潮湿。同时，它们毛皮的颜色和花样还为它们提供了伪装。

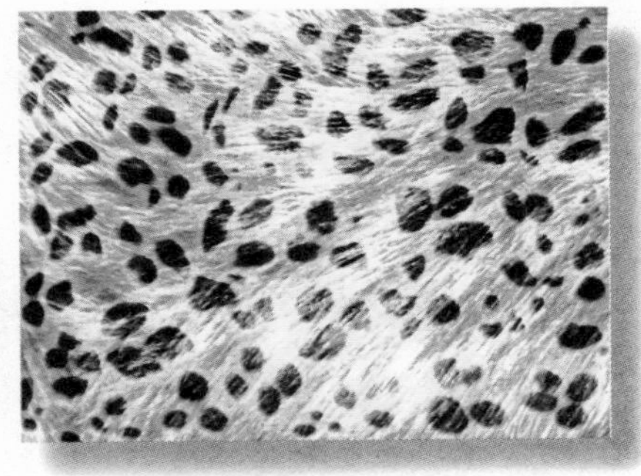
哺乳动物的皮毛

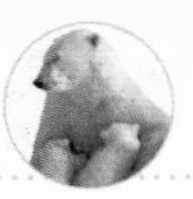

哺乳动物的毛发是由角质构成的，属于皮肤的一种衍生物。而且，在自然界的所有动物中，哺乳动物也是唯一长着毛皮的动物，鱼类、两栖动物、爬行动物都没有毛皮或毛发。

皮毛的作用

哺乳动物每根毛发的根部都长着小块的肌肉，可以使皮毛竖起或倒下，令空气在皮毛中流通，并以此调节体温。有时皮肤上起的鸡皮疙瘩，就是因为肌肉绷紧毛发裹住空气用以保暖的原因造成的。

像一些生活在寒冷地区的哺乳动物，体表常附生着深密的皮毛。例如北极熊，身上不仅长有非常厚的皮毛，而且在下水捕食时，还能够保持皮肤的干爽，非常令人感到惊奇。这是由于哺乳动物的毛皮能够分泌一种皮脂油性物，并以此包住毛发，可以有效的起到防水作用，因此才能起到很好的保暖和保持皮肤干爽的作用。

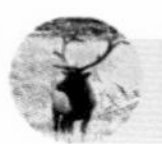

趣味链接

哺乳动物的皮毛都十分柔软美丽，经济和收藏价值很高，这也为它们带来了灾难。自人类文明兴起后，人类就已经不再满足于仅仅获取圈养的牛、羊身上的皮毛，而将目光投向了虎、豹、熊、水獭、鹿、狐、海兽等野生动物的皮毛上，并且对它们大肆杀戮，导致很多野生动物的数量大大减少。

水生哺乳动物的皮毛

皮脂不仅仅是一种分泌物，有时还能起到一些特殊的作用。像海狸等水生哺乳动物，它们的皮肤不仅能够通过这种皮脂使皮毛防水，还能做为它们触觉的一部分利用。还有，就是像猫等一些哺乳动物的嘴边，长有比普通毛发长而且硬的毛，我们管它叫“触须”或“胡须”，这些触须也是它们很好的便利工具。而像鼹鼠的触须能察觉地下的震动，水獭能够用触须发现身边游动的鱼等。

哺乳动物的牙齿

牙齿是一种高度钙化的组织，它比骨头还要坚硬。

哺乳动物的牙齿是颌骨上的附生物。哺乳动物牙齿的齿根一般都很发达，深植于齿槽里，也叫做槽生齿，上端叫做齿冠。

经过漫长的进化，哺乳动物的牙齿已分化为门齿、犬齿、前臼齿和臼齿等，统称异型齿。门齿长于口的前端，齿冠呈凿状，这样可以有效的切割食物。犬齿位于门齿两边，齿冠呈锥状，可以有效的将食物撕碎。而前臼齿和臼齿则位于口腔的后侧，齿冠呈臼状，可以有效的磨碎食物。

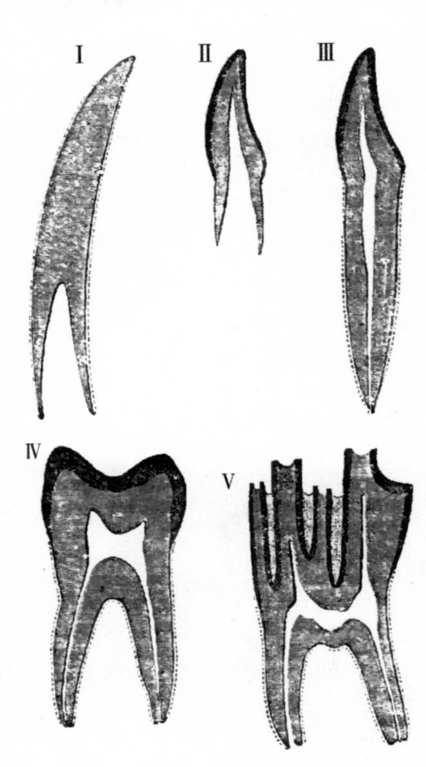

哺乳动物的牙齿

在哺乳动物的一生里，包括我们人类，一般会有两套牙齿，一套为乳齿，一套为恒齿。乳齿只是暂时性的牙齿，便于早期的进食，在脱落之后就会长出恒齿，终生不会再脱换，这种类型叫做再生齿。

极富特色的大象牙齿

在哺乳动物的牙齿里，大象的牙齿是最有特色的了。

大象一天到晚都在进食，食量极大，平均每天要花20小时来摄取、吞食50千克，甚至超过100千克的食料。对于大象来说，牙齿的任务就是

大象的牙齿

昼夜不停地咀嚼杂草、芦苇、果实、树叶和树枝等。

为了胜任如此繁重的工作，大象让自己的牙齿轮流上岗，除了前面的一对长长伸出体外的长牙外，大象上、下牙床每边各有6个臼齿，这样上下左右共有24个臼齿。

有趣的是，这24个臼齿不是一齐长出、同时使用的，而是上下左右各1个，4个一套依次长出，轮换使用。

也就是说，在一段时间里，上、下、左、右的牙床上，都只有1个臼齿在工作。这个牙齿磨损了，下面一个便取而代之。大象在60岁左右会长出最后一个臼齿，此后就不再换牙了。

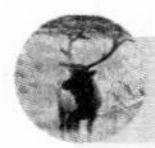

趣味链接

不幸的是，大象伸出体外，完全不用的长牙，却几乎成为了它灭绝的罪魁祸首，人类为了获取这对长牙做工艺品，几乎将它杀戮殆尽。现在，有些动物保护者主动将大象的长牙锯掉，这样它便没有了价值，盗猎者也就没有兴趣杀害它了。这种做法虽然显得荒唐，但很有效。

哺乳动物的骨骼

哺乳动物的骨骼十分发达，脊柱的分区十分明显，结构也非常的坚实而且灵活。四肢位于腹部下方，分化出了肘和膝，能够将躯体撑起，适宜在陆地上快速运动。头骨高度发达而有较大的特化，头骨上共有颈椎7枚，下颌由单一的齿骨构成，头骨具有2个枕骨髁和牙齿异型。

哺乳动物骨骼进化的趋向主要是：①骨化完全，为肌肉的附着提供了充分的支持；②愈合和简化，增大了骨骼的坚固性并且保证了轻便；③增强了中轴骨的韧性，使四肢能够在较大的范围内和速度下进行活动；④长骨的生长只限于生长的早期，提高了骨骼的坚固性。

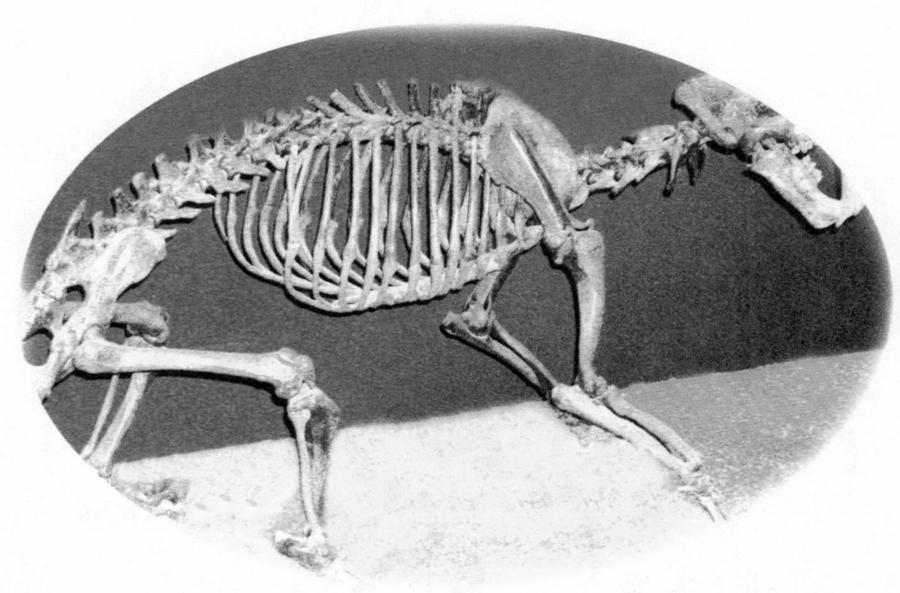

哺乳动物的骨骼

哺乳动物的头骨

哺乳动物的头骨，由于脑以及其他感官的发达和口腔咀嚼的产生，而发生了显著变化。脑颅和鼻腔扩大和发生次生腭，头骨的一些骨块消失，并且发生变形和愈合。骨骼并因此而获得更大的扩展可能性，使头骨发生了较大的变形：枕骨顶部形成明显的“脑枃”用以容纳脑髓，枕骨大孔则移至头骨的腹侧。

哺乳动物的下颌由单一的齿骨构成，这是头骨的一个标志性特征。齿骨与头骨的颞骨鳞状部直接关节，从关节所处的位置和关节来看，加强了咀嚼的能力。由颌骨与颞骨的突起以及颧骨本体所构成的颧弓，可以作为咀嚼肌的起点。而且，生物医学家们也常把颧弓的特点作为一种分类的依据。

趣味链接

骨骼是组成脊椎动物内骨骼的坚硬器官，功能是运动、支持和保护身体；制造红血球和白血球；储藏矿物质。

骨骼由各种不同的形状组成，有复杂的内在和外在结构，使骨骼在减轻质量的同时能够保持坚硬。骨骼的成分之一是矿物质化的骨骼组织，其内部是坚硬的蜂巢状立体结构；其他组织还包括了骨髓、骨膜、神经、血管和软骨。

人体的骨骼起着支撑身体的作用，是人体运动系统的一部分。成人有206块骨。骨与骨之间一般用关节和韧带连接起来。

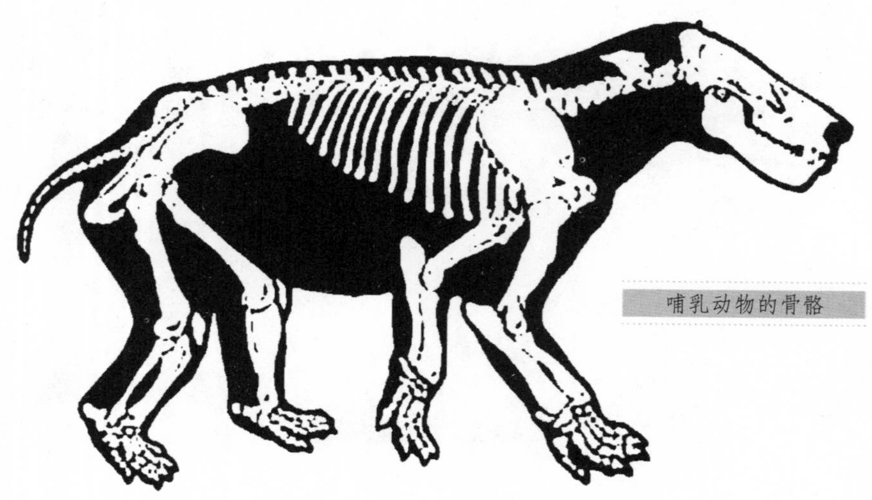

哺乳动物的骨骼

哺乳动物的脊柱

哺乳动物的颈椎数目大多为7枚，这是哺乳类特征之一。第一、二枚颈椎特化为寰椎和枢椎，这种结构使寰椎与头骨间除可作上下运动外，寰椎还能与头骨一起在枢椎的齿突（枢突）上转动，提高了头部的运动范围，这对于哺乳动物来说，可以充分地利用感官，猎捕食物和防卫。

哺乳动物的脊椎骨与宽大的椎体相联结，构成双平型椎体，这种椎体能够更好的提供脊柱的负重能力，并且与相邻的椎体之间的软骨构成椎间盘。椎间盘坚韧而富有弹力，能够很好的缓冲运动时对脑及内脏的震动，大大提高了它们活动的范围。

哺乳动物的胸椎一般为12～15枚，两侧与肋骨相关节。胸廓由肋骨及胸骨构成，能够有效的保护内脏，保持呼吸动作的完成和间接地支持前肢的运动。荐椎一般为3～5枚，并切大多呈现出愈合的现象，并以此构成对后肢带骨的稳固支持。尾椎的数目不定而且有退化的现象。

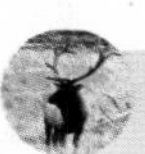

趣味链接

脊柱具有支持躯干、保护内脏、保护脊髓和进行运动的功能。脊柱内部自上而下形成一条纵行的脊管，内有脊髓。

哺乳动物的肌肉

哺乳类的肌肉系统与爬行类基本相似，但其结构与功能均进一步完善。所以，哺乳动物的运动速度要远远超过同为陆地生活的两栖动物和爬行动物。

哺乳动物的肌肉系统主要特征是：四肢及躯干的肌肉具有高度可塑性，非常强大。为适应其不同运动方式出现了不同的肌肉模式，如适应于快速奔跑的有蹄类及食肉类四肢肌肉强大。

趣味链接

肌细胞的形状细长，呈纤维状，故肌细胞通常称为肌纤维。

（1）皮肤肌发达。

（2）具有一种特殊的膈肌，主要起于胸廓后端的肋骨缘，止于中央腱，并且在胸腔与腹腔之间形成了一层隔膜。胸腔容积是在神经系统的调节下完成的，同时也是呼吸运动的重要组成部分。

（3）咀嚼肌强大。头部还具有粗壮的颞肌和嚼肌，分别起自颅侧和颧弓，止于下颌骨。这为它们的捕食和防御，以及咀嚼食物密切相关。

哺乳动物的角和爪

角是哺乳动物头部表皮及真皮特化的产物。表皮产生角质角，如牛、羊的角质鞘及犀的表皮角，真皮形成骨质角，如鹿角。哺乳类的角可分为洞角、实角、叉角羚角、长颈鹿角、表皮角等五种类型。

洞角，由骨心和角质鞘组成，角质鞘即习称之为角，成双着生于额骨上，终生不更换，有不断增长的趋势。洞角为牛科动物所特有。

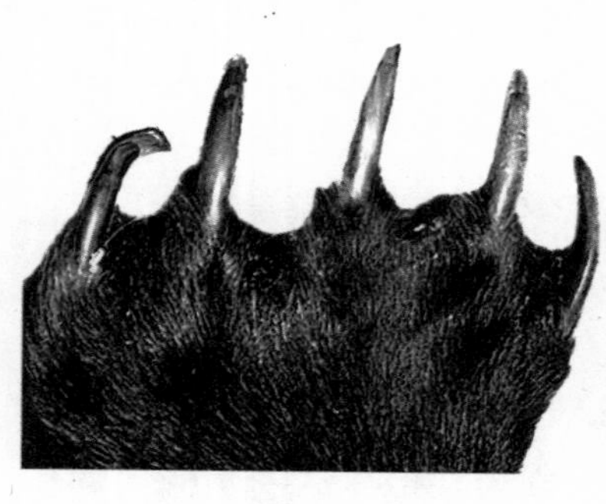

哺乳动物的爪

实角，为分叉的骨质角，无角鞘。新生角在骨心上有嫩皮，通称为茸角，如鹿茸。角长成后，茸皮逐渐老化、脱落，最后仅保留分叉的骨质角，如鹿角。鹿角每年周期性脱落和重新生长，这是鹿科动物的特征。除少数两性具角如驯鹿，或不具角如麝、獐之外，一般仅雄性具角。

叉角羚角，是介于洞角与鹿角之间的一种角型。骨心不分叉而角鞘具小叉，分叉的角鞘上有融合的毛，毛状角鞘在每年生殖期后脱换，骨心不脱落。这种角型为雄性叉角羚所特有，而雌性叉角羚仅有短小的角心而无角鞘。

长颈鹿角，由皮肤和骨所构成，骨心上的皮肤与身体其他分的皮肤几乎没有差别。

表皮角，完全由表皮角质层的毛状角质纤维所组成，无骨质成分，为犀

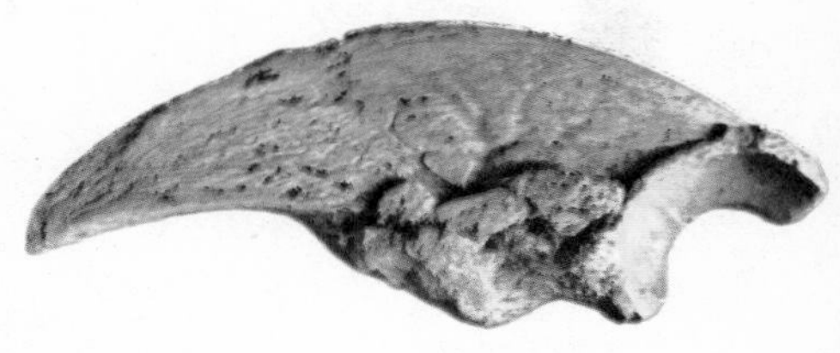
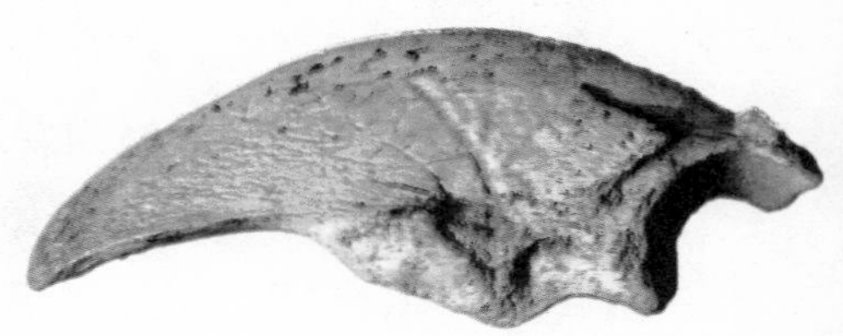

哺乳动物的爪

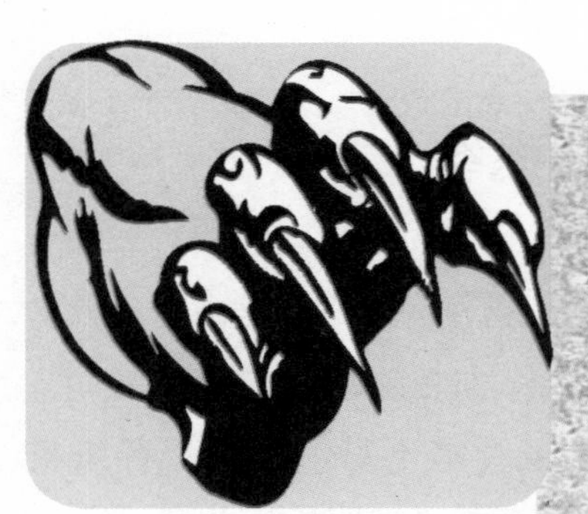

哺乳动物的爪

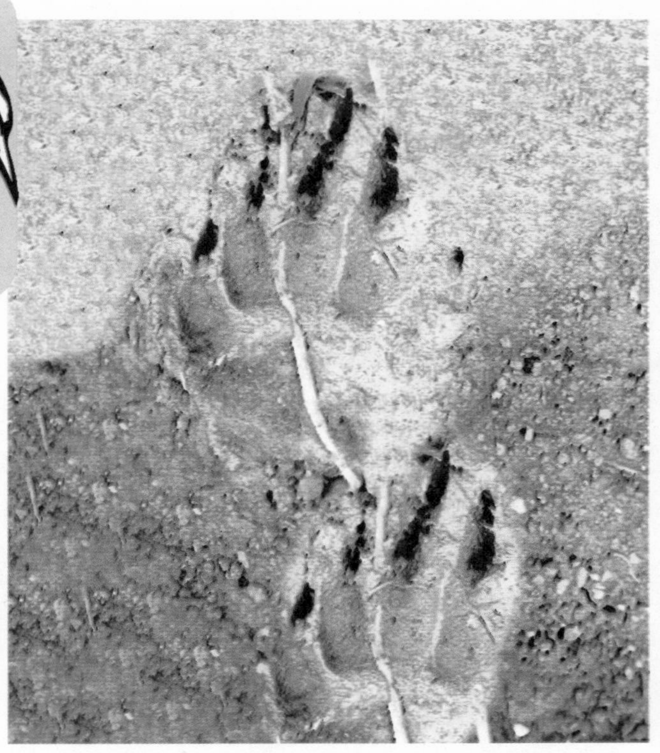

哺乳动物的脚印

趣味链接

很多动物的角都具有药用价值，如水牛角、羚羊角等，这也为它们带来了灾祸。

科所特有。角的着生位置特殊，在鼻骨正中，双角种类的两角呈前后排列，前角生于鼻部，后角生长在额部。

爪、甲和蹄：均属皮肤的衍生物，是指（趾）端表皮角质层的变形物，只是形状功能不同。爪，为多数哺乳类所具有，从事挖掘活动的种类爪特别发达。

食肉类的爪十全锐利，如猫科动物的爪锐利且能伸缩，是有效的捕食武器。甲，实质为扁平的爪，是灵长类所特有。蹄，为增厚的爪，有蹄类特别发达，并可不断增生，以补偿磨损部分。

哺乳动物的消化系统

哺乳动物的消化系统由空腔、食道、胃、肠等构造，但是由于各种食性的不同，它们消化系统的各个器官，在构造和功能上也有明显的区别。

牛、羊、兔等草食性哺乳动物，食物主要是不易消化的粗纤维植物，因此它们的门齿和臼齿都很发达，门齿用来切割植物的茎叶，臼齿则用来咀嚼切碎的茎叶。

此外，它们的盲肠很发达，而且消化管也很长，这可以增大消化面积，提高对食物的利用率。有的具有分成3室或4室的复杂的胃，食物在胃里反复消化、分解，得到充分吸收。

猫、狗、虎、狮等肉食性哺乳动物，它们的犬齿特别发达，利于撕咬、捕获动物，它们的食物比草食性动物更精细些，易于消化，而且含热量高，因此进食量相对来讲比较少，这样减少了消化系统的工作量，消化管的长度大大缩短。

趣味链接

牛、羊、鹿等动物有一个非常有趣的消化特点，就是反刍，俗称倒嚼，是指进食经过一段时间以后将半消化的食物返回嘴里再次咀嚼。这主要是因为这些动物采食一般比较匆忙，特别是粗饲料，大部分未经充分咀嚼就吞咽进入瘤胃，经过瘤胃浸泡和软化一段时间后，食物经逆呕重新回到口腔，经过再咀嚼，再次混入唾液并再吞咽进入瘤胃的过程。

哺乳动物的呼吸系统

哺乳动物的呼吸系统十分发达，特别在呼吸效率方面，相比其他纲的动物有了显著的提高。空气经外鼻孔、鼻腔、喉、气管进入肺部。

哺乳动物的鼻腔分为上端的嗅觉部分和下端的呼吸通气部分。鼻腔的上端有发达的鼻甲，其黏膜内布满嗅觉神经末梢。有伸入到头骨骨腔内的鼻旁窦，增强了鼻腔对空气的温暖、湿润和过滤作用。鼻旁窦同时还是发声的共鸣器。

喉由喉盖和喉腔组成，会厌软骨组成喉盖，甲状软骨和环状软骨形成喉腔。食物和水经会厌上面进入食道，可防止食物和水误入气管。在平时喉口开启，是空气进出气管的门户。甲状软骨和环状软骨之间的黏膜皱褶构成声带，是哺乳类的发声器官，声带紧张程度的改变以及呼出气流的强度可调节音量。

气管主要位于食道的腹面，在进入到胸腔后，分成一对支气管通入两片肺叶中。气管和支气管的管壁由许多不相衔接的软骨环支持，从而保证了空气的畅通。在气管壁上的黏膜，具有纤毛和黏液腺，可以对空气进行过滤，空气中的尘粒会在纤毛的推动下移至喉口，经

鼻或口排出。

哺乳动物肺由复杂的“支气管树”构成，支气管分枝的盲端就是肺泡。肺泡的数量非常多，这也大大增加了呼吸时的表面积，如马的肺泡达500平方米，羊的肺泡总面积可达50～90平方米，人的肺泡为70平方米等，显著地提高了气体交换的效果。肺泡之间还分布有一种弹性纤维，能够在呼吸作用的配合下使肺被动地回缩。

胸腔容纳肺，而且是只有哺乳动物才具有的腔体。由于哺乳动物的胸腔与腹腔有一道分隔的横隔膜，因此，在进行呼吸活动时可以改变胸腔的容积，再加上肋骨的升降可以扩大或缩小胸腔的容积，能够帮助肺被动地扩张和回缩，更好地完成呼吸。

趣味链接

我们知道，鱼是通过腮来呼吸的，鳃丝表面布满微细血管，水中容氧通过血管进入血液，行呼吸作用。而水生哺乳动物，如鲸、海兽、水獭等，它们并没有腮，它们都是像人类一样，通过肺来呼吸的，人类在水里超过10秒钟就很危险了，而水生哺乳动物可以在水下呆几分钟以上又不至于缺氧，这是为什么呢？它们是如何解决呼吸问题的呢？

通常情况下，血红蛋白作为一种血液与氧结合的特殊物质具有两种特性：在血液流经肺部时，能及时高效地与氧结合，即每毫升血液可结合0.2毫升氧，约占血量的20%；能及时释放所结合的氧，使肌体组织及时受益。

肌肉的需氧量较大时，在收缩过程中使血管受阻，无法从血液中获得宝贵的氧，因而大自然又选择一种肌红蛋白来为肌肉供氧。肌红蛋白类似于血红蛋白，但它捕获和保存氧的能力更强一些，只有在外界环境中非常缺氧的情况下才释放氧。温血动物心肌中的肌红蛋白含量为0.5%，可使每克心肌获取2毫升的储存氧，这足以保障心肌的正常需求。

水生哺乳动物在至关重要的肌肉里，肌红蛋白的含量很高，它们的大储量氧库就构建在那些肌肉里。抹香鲸能在水下潜泳30～50分钟而丝毫不感到困难，这正是肌红蛋白发挥储氧供氧机能的奥妙所在。

哺乳动物的高智商

除了我们人类，哺乳动物中的黑猩猩已经可以达到人类5～7岁孩子的智商，据说训练过的黑猩猩能弹钢琴，能认识到5位数。哺乳动物中的海豚和大象智商也非常高。

哺乳动物神经系统高度发达，尤其大脑变得更加复杂，爬行动物出现的新脑皮被哺乳动物高度发展，形成高级神经活动中枢。和身体的大小相比，哺乳动物有比其他的脊椎动物更大的大脑，能够更好地控制自己的思维。

海豚是高智商的哺乳动物

趣味链接

动物世界中，大象记性好是出了名的。但科学家一项研究结果，令人有点不寒而栗：正由于大象记忆力超群，它们对于人类的欺侮更会耿耿於怀而伺机报复。

科学家认为，大象在饱经人类长年虐待后，很可能因此“记仇”，并袭击人类的居住区。如果人类长此摧残大象，很可能形成恶性循环。

哺乳动物的神经元数量大增，两大脑半球之间出现了互相连接的横向神经纤维，即胼胝体。而且小脑发达，首次出现小脑半球。

哺乳动物大脑皮层空前发达，这为运算、逻辑提供了必要的基础。这在哺乳动物之前的所有动物是不具备的。故哺乳动物的智商高于其他非哺乳动物。

灵长类动物，包括猴子、猩猩和人类中的智商更是突出，它们不但拥有更大容量的脑子，可以做比其他动物更复杂的行为，而且它们还会不断的学习，进而改变自已的行为，来适应外界环境的变化。

哺乳动物的感官

哺乳动物靠高度发达的感官来发现食物，躲避敌害，以及寻找合适的栖息环境，同时也是种类间通讯联系和一系列行为反应不可分的器官。

当然，并非所有的类群感官都达到高度发展的水平，有些种类在许多方面处于退化状态，而在某一方面却高度特化。如哺乳类中视力退化的某些种类，快速运动时，还发展了特殊的高、低频声波脉冲系统，借听觉和声波回音来定位，蝙蝠即以高频声波回声定位，海豚以高频及低频两种水内声波回声定位。这在仿生学研究中有重要意义。

哺乳动物的感官高度发达，主要体现在它们的视觉、听觉和嗅觉构造的完善。

（1）嗅觉。

哺乳动物多数具有扩大的鼻腔和发达的鼻甲骨，嗅觉灵敏。如食肉类、偶蹄类和啮齿类嗅觉即相当发达。但鲸类、灵长类脑的嗅觉部分不发达，故其嗅觉不灵敏，海豚和鼠海豚则缺乏嗅觉器官。

哺乳动物的感官

（2）视觉。

哺乳动物的视觉器官与大多数羊膜动物相似。多数哺乳类的眼球发育良好。但一些营地下生活的食虫类、啮齿类和鲸类眼球则极度退化，甚至有些种类只保持区别亮与暗的能力。总的来说，哺乳类对光波的感觉灵敏，但对色觉的感受力差，这与大多数的兽类均为夜间活动有关。灵长目的辨色能力及对物体大小和距离的判断均较准确。

（3）听觉。

大多数哺乳动物都有长在外部的耳朵，可以使声音直接进入大脑。如猫的漏斗形的耳廓可以把声波导入内耳，让猫迅速地捕捉到声音，并做出反应。而犬科动物为代表的许多哺乳动物都具有很好的听觉，它们能把耳朵竖起来，转向声音的方向，发现正在接近的敌人或猎物，也可以听到自己同伴发出的呼唤。

趣味链接

蝙蝠是现代雷达的启蒙老师。它主要依靠发出超生波，然后收到回声来辨别物体，有一些种类的面部进化出特殊的增加声呐接收的结构，如鼻叶、脸上多褶皱和复杂的大耳朵。

蝙蝠是翼手目动物的总称，翼手目是哺乳动物中仅次于啮齿目动物的第二大类群，现生物种类共有19科185属962种，除极地和大洋中的一些岛屿外，分布遍于全世界。

很长时间，人们都将蝙蝠视作鸟类，但现代科学证明，蝙蝠是一种会飞翔的哺乳动物。

从前很多人说蝙蝠视力差，其实是一个天大的误区。最近已经有不少科学家指出，蝙蝠视力不差，不同种类的蝙蝠视力各有不同，蝙蝠使用超声波，与它们的视力没有必然联系。

哺乳动物的耳朵还有特别的妙用，大象的耳朵不但可以用来扇风降温，而且其耳部血管丰富，可以在夏季使热量迅速散失。

哺乳动物的繁殖

所有哺乳动物的受精都是在母体内进行。受精卵经过多次分裂，最终成为胎儿。在胎盘类哺乳动物中，受精卵在子宫里通过脐带以及和子宫壁连在一起的胎盘获取养料。母体通过向胎盘供血，给受精卵提供食物和氧气，并把废物带走。胎儿在子宫里成长，直至出生。

趣味链接

在胎儿刚出生的一段时间内，雌性哺乳动物会用分泌的乳汁喂养幼崽。乳汁由乳腺分泌。当幼崽吸奶时，乳汁会从乳腺中流出来。对于幼崽而言，哺乳是一个很重要的环节。因为乳汁不仅富含葡萄糖和脂肪，可以加速幼崽生长，而且含有抗生素，可以帮助幼崽抵御疾病的侵袭。

哺乳动物的分布地区和代表动物

哺乳动物在地球上分布极广，从寒冷的两极，到炎热的赤道；从喜马拉雅的雪山，到南太平洋的深海；从亚马孙的热带雨林，到非洲的撒哈拉大沙漠，都有着哺乳动物的身影，而澳大利亚和新西兰的特有动物，更为这个缤纷多彩的动物世界增添了奇迹。

热带草原地区——哺乳动物的繁盛之地

什么是热带草原

热带草原地区主要分布在热带雨林的南北两侧，一般在南、北纬10° 到23° 27′ 之间。这个地区长夏无冬，干湿季分明是它的突出特点。它终年气温很高，有些地方甚至比热带雨林地区还热。但降雨却集中在一年的4～6个月内，成为雨季；另外4～5个月几乎滴雨不下，成为旱季。所以自然景观也就与热带雨林截然不同。这里树木种类不多，分布稀疏，草长得很高，通常称之为稀树草原。

迷人的热带草原

热带草原的特点

热带草原是草食动物和肉食动物栖息的理想场所，所以成为动物的王国。动物种类多，数量大，有很多著名的天然动物园。这里景色的季节变化明显。冬季到来，满目落叶，到处枯黄；而雨季一到，则满目翠绿，郁郁葱葱。

热带草原生活的哺乳动物极其繁盛，而且，它们的特点之一是集群生活，这是热带的动物在长期生存竞争中逐渐形成的。群居有利于共同对敌、防御敌害、增进繁衍、保护幼仔，是弱小动物和大型食草动物抵抗凶猛兽类的有利武器。

一般来说，每一种群都是一个有组织的集体，通常由几个强者担任首领，负责全群安全，指挥全群行动。例如，狒狒、羚羊、斑马等都是集体生活，即使是草原巨兽如大象、长颈鹿、河马、犀牛、野牛等也喜欢群居，经常几十、甚至上百头生活在一起，共同觅食、嬉戏、对敌。

非洲草原上还可经常见到不同种群组成的混合种群。例如，斑马、羚羊、长颈鹿，甚至还有鸟类中的鸵鸟群聚一起，共同生活、和平共处、集体防御。长颈鹿吃高树嫩叶，斑马、羚羊吃小灌木和野草，长颈鹿高头大眼，是天生的瞭望塔，善于侦察发现敌情；鸵鸟的机警和惊叫，则是天生的报警信号。

热带草原高草繁生，大树稀疏，因而动物中地栖者占绝对优势，如大象、河马、犀牛、羚羊、斑马、角马等等。

热带草原都有哪些哺乳动物

热带草原的哺乳动物中，树栖动物很少，就连本该树栖生活的少数几种动物也放弃了树上生活。例如：狒狒身形娇小却四肢粗壮，适于地面奔走，时速超过32千米，喜欢群集于树木稀少的石山上，晨昏活动频繁，采食野果、昆虫、爬虫、鸟卵，有时也偷盗一些人类的食谷、瓜果。

趣味链接

非洲热带草原，面积辽阔，哺育了大量食草动物，这些动物的极大繁盛又为食肉动物提供了丰富的食物。因此，这里巨兽种多量大，主要有象、长颈鹿、河马、犀牛、狮等。

非洲热带草原主要分布在非洲的肯尼亚、埃塞俄比亚、南非等国。

热带草原的食肉哺乳动物主要有非洲豹、狮子等，此外，还有食腐动物鬣狗等。

大型动物对于广阔草原景观的适应，则表现于迅速的奔跑能力，这里几乎聚集了地球上所有的跑得最快的动物。

例如羚羊，全速奔跑时速高达80千米，斑马时速40千米，长颈鹿40～50千米；黑斑羚一跃可高达3米，远达9米。食肉动物在长期的追捕过程中，也练就了快跑能力。

再例如，非洲狮能以每秒9米的高速奔跑，猎豹时速超过110千米，其加速能力更为惊人，从起跑至加速72千米/小时，只用2秒时间。长期的奔跑，使这些动物形态结构发生很多适应性变化：羚羊、斑马、长颈鹿、鸵鸟四肢增长，步幅加大；而猎豹则有一条柔软而富弹性的脊椎。

热带草原开阔广袤，地势平坦，缺少动物藏身躲敌的天然屏障，因此穴居就成为一些中小型动物重要的求生手段。

中小动物，特别是那些弱小动物，如土豚、疣猪、跳兔以及所有啮齿类动物，既无凶猛的御敌本领，又缺少善奔疾走的逃跑能力，几乎都穴居于地下，洞穴成为它们生儿育女、保护幼仔、贮存食物、逃避敌害、躲避高温的理想场所。

长期的挖掘活动，使它们练就了一身非凡的掘地本领，还形成了适合地下生活的身体形态：弯曲而锐利的爪子，发达的胸肌，合并的腕骨，短短的唇鼻间距，大大的门齿。在热带草原中，兔子、獾、鼠类也非常多。

热带雨林地区——哺乳动物的狂欢之地

什么是热带雨林

热带雨林是阴凉、潮湿多雨、高温、结构层次不明显、层外植物丰富的乔木植物群落。它的平均温度为25～30℃。

地球上的热带雨林包括了热带美洲、热带亚洲和热带非洲的雨林，它们虽然分开为三大片，但它们都有非常类似的外貌和结构特点。由于生长环境终年高温潮湿，热带雨林长得高大茂密，一般高度在30米以上，从林冠到林下树木分为多个层次，彼此套迭。

茂密的热带雨林

热带雨林只占全球总面积的6%，但其中的物种却占全球1/2以上。一些科学家们认为，在南美的亚马孙盆地，非洲的刚果盆地以及东南亚的大片热带雨林中，存在数以百万计的物种。虽然他们对其中的许多动植物都进行过科学研究，但还有一些至今不为人知。在雨林中高高的树冠上，许多生命是暂时难以企及的，成千上万的物种有待以后逐步去认识。

热带雨林中的哺乳动物极为繁多，但以小型、树栖动物为主。另一特点就是种类多而单种个体较少。

亚马孙热带雨林

全世界最大的热带雨林是南美洲的亚马孙雨林。亚马孙雨林占世界雨林面积的一半，森林面积的20%，是全球最大及物种最多的热带雨林，总面积700万平方千米。

这里生活着特有的极其繁盛的哺乳动物，代表动物有美洲豹、美洲狮、密熊、长鼻浣熊、犰狳、食蚁兽、美洲貘、虎猫、水獭、豪猪、黑猩猩、卷尾猴等。

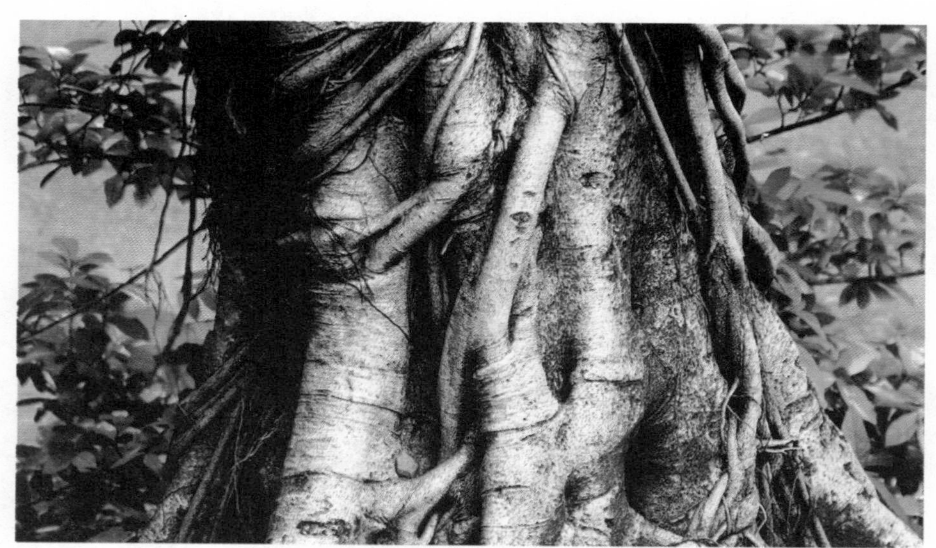

热带雨林一角

西非热带雨林

中非刚果河流域的热带森林仅次于亚马孙河流域的热带雨林，是世界第二大热带雨林，被誉为非洲的“绿肺”，200万平方千米的森林中，生长着1.1万种植物、400多种哺乳动物、1000多种鸟类和150种爬行类动物。加蓬原始热带雨林是刚果河流域热带森林的重要组成部分。那里终年常绿，四季花开果香。

这里生活的代表哺乳动物有大猩猩、黑猩猩、倭黑猩猩、各种小型猫科动物和鼠类等。大象、河马等大型动物一般仅活动于雨林边缘或稍开阔的河谷地区。

亚洲热带雨林

亚洲热带雨林以马来西亚半岛为中心，包括印度、斯里兰卡、缅甸、泰国、越南、菲律宾群岛、印度尼西亚群岛，以及澳大利亚的东岸，我国的热带雨林主要分布于台湾南部、海南岛、广西和云南南部及西藏东南的部分地区。

这个地区的代表哺乳动物有亚洲象、犀牛、各种灵长类动物和猫科动物、蝙蝠等。

我国美丽的西双版纳

西双版纳有着我国保护完好的热带雨林，是亚洲象的理想栖息地，目前分布着250多头野生亚洲象。

亚洲象是亚洲最大的陆生野生动物，主要分布在东南亚、南亚一些国家的热带丛林，种群总数约44000头。在我国曾经广泛分布的亚洲象，由于生存环境的变迁，逐渐从辽阔的中原大地上消失，目前仅分布在云南西双版纳、普洱和临沧等少数地区，数量不超过300头，是我国一级重点保护野生动物。

趣味链接

热带雨林蕴藏着丰富的生物资源，同时对调节地球的气候非常重要。亚马孙雨林每年吸收大量的二氧化碳，释放出氧气，因此又被称作是“地球之肺”。但是，世界上热带雨林却遭到了前所未有的破坏。热带雨林地区高温多雨，有机物质分解快，物质循环强烈，植被一旦被破坏后，极易引起水土流失，导致环境退化。因此，保护热带雨林是当前全世界最为关心的问题。

西双版纳还是我国果蝠分布较集中的地区，而犬蝠和棕果蝠是这个地区最常见的两个物种。由于果蝠在取食果实时可能传播大量的种子，在森林生态系统中它们有可能成为重要的种子传播者。

热带沙漠地区——不毛之地的顽强生存

热带沙漠地区分布于热带草原南北两侧，主要有非洲的撒哈拉沙漠和卡拉哈里沙漠，西亚的阿拉伯沙漠，大洋洲的西澳沙漠，北美的加利福尼亚沙漠，南美的阿塔卡马沙漠。

热带沙漠野生哺乳动物较少，非洲有骆驼、大耳狐、沙漠夜猫、沙漠野兔、沙漠刺猬、亚洲有野马、塔里木兔、黄羊、野猪、美洲有敏狐、草原狼等。

趣味链接

热带沙漠地区的哺乳动物有骆驼、沙漠狐、沙漠鼠等。

沙漠狐体形不大，比大一点的家猫略大。颜色没有红狐好看，沙子的颜色布满全身，只有腹部是白色的。最大的特点是耳朵非常大，几乎等于自己面部的面积，这是用来散发体内热量，大耳朵上密布着毛细血管，所以它不用害怕被高温烤死，夜晚它会钻进自己的洞里来抵御严寒。

温带沙漠地区——骆驼的王者天下

温带沙漠气候指温带大陆腹地沙漠地区的气候。表现为极端干旱，降雨稀少，年平均降水量200～300毫米，有的地方甚至多年无雨。夏季炎热，白昼最高气温可达50℃或以上；冬季寒冷，最冷月平均气温在0℃以下，气温年较差较大，日较差也较大。云量少，相对日照长，太阳辐射强。自然景观多为荒漠，自然植物只有少量的沙生植物。中亚和我国的塔里木盆地属典型的温带沙漠气候。

这些沙漠多半深居大陆内部，距海遥远且山地阻隔，地形闭塞。湿润的海洋气流难以到达，气候十分干燥而形成了沙漠。如中亚的卡拉库姆沙漠和克齐尔库姆沙漠、蒙古的大戈壁，中国的塔克拉玛干沙漠和美国西部大沙漠等。西亚的阿拉伯沙漠、

干旱的沙漠

趣味链接

撒哈拉沙漠是世界上最大的沙漠，热带沙漠气候也最为典型。它极度干旱而酷热，大部分地区平均年降雨量在50毫米以下，有的地方甚至多年滴雨不下，是地球上最干燥的气候类型。

酷热是沙漠的杰作，绝对最高气温可超过50℃，地面温度更高。世界上最热的地方就出现在撒哈拉沙漠中，难怪戈壁滩上摊鸡蛋，成了探险家们的拿手好戏。中国也有“三大火炉”，但相比之下就小巫见大巫了。

在这种恶劣气候下，适者生存，能存活下来的生物自然少而又少，只有那些耐旱的矮小植物和能忍受干渴的小动物，才能成为沙漠王国的主人。

印度西北部的塔尔沙漠等。

在南半球有澳大利亚大沙沙漠、吉布森沙漠、维多利亚大沙漠，智利北部阿塔卡马沙漠，南部非洲的卡拉哈里沙漠和纳米布沙漠等。

温带草原地区——狼为霸主

什么是温带草原

温带草原是温带气候下的地带性植被类型之一。我国的温带草原的代表哺乳动物有蒙古兔，狐狸，黄羊，鼠，狼，野狗等。

在世界上，温带草原的分布主要有两大区域：欧亚草原区和北美草原区。在欧亚大陆，从欧洲多瑙河下游起，呈连续的带状东伸，经罗马尼亚、俄罗斯和蒙古直达中国，构成世界最宽广的草原生物带；在北美洲，由南萨斯喀彻温河开始，沿经线方向南抵得克

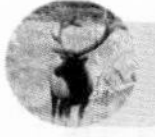

趣味链接

温带草原是发展畜牧业的基地。我国的内蒙古大草原就是一个典型例子，主要畜养羊、牛、马等动物。

萨斯州，形成南北走向的草原生物带。

在南半球，草原生物群所占面积较小，分布比较零星。南美洲主要分布在阿根延及乌拉圭；在非洲南部和新西兰南部也有小面积分布。气候介于温带荒漠与夏绿林之间，水热条件大致保持半干旱到半湿润的指标。

温带草原都有哪些哺乳动物

温带草原的哺乳动物群种类比较少，但某些种的个体数目相当多，尤其啮齿类最为繁盛；因此，它的天敌——小型食肉兽也不少。

草原景观开阔，缺乏天然隐蔽所，一些大型有蹄类，具有迅速奔跑的能力，集群的生活方式以及敏锐的视觉和听觉。草原上几乎所有的啮齿类都是穴居或真正的地下生活。

在温带草原上，季节变化对动物影响很大。夏秋两季，食物丰富，动物最为活跃，多忙于繁殖和育肥；冬季气候寒冷，雪覆大地，动物不

温带草原的狐狸

易找到食物。大多数草原高鼻羚羊等也迁往雪被较少、食物比较充足的地区。

旱獭、跳鼠、黄鼠等啮齿类动物，在冬季到来以前，大量积累皮下脂肪，准备冬眠。田鼠、鼠兔、仓鼠、鼢鼠等也都贮存饲料，以备越冬。

温带森林地区——哺乳动物孤独的背景

温带森林主要分布在亚洲北部、欧洲大部和北美洲北部。南半球因温带范围大陆很狭，温带森林面积很小。

温带森林位于亚欧大陆东部，受温带季风气候影响，夏季温暖多雨，冬季寒冷降水少，南部是落叶阔叶林，以砾类为代表，典型土壤是暗棕壤。大陆西部，受温带海洋性气候影响，夏季温暖，冬季比大陆东岸暖和，降水四季分配均匀，非常适合落叶树、阔叶林生长。以欧洲山毛榉、白桦为代表树种。典型土壤是棕壤。

温带森林带主要动物有松鼠、黑熊、各种猫科动物等。我国东北和俄罗斯生活着著名的东北虎，现在已经濒临灭绝。

趣味链接

虎是唯一一种可以称得上是棕熊天敌的物种，西伯利亚虎对其他食肉兽具有很强的排斥性，对狼和豹都有很明显的驱赶行为，其领地内也不允许有狼和豹，然而虎对棕熊没有明显的排斥，主要原因是棕熊植食性强，和虎食谱重叠不大，同时棕熊也是虎的潜在猎物。

温带森林最值得提到的动物是生活在北美洲的棕熊。它是陆地上体形最大的哺乳动物之一。由于人类的缘故，棕熊的数量急剧减少，甚至不少的亚种都已灭绝。

温带森林

森林中的熊

澳洲——哺乳动物特有的生存空间

澳洲指的是哪里

澳洲在这里特指澳大利亚。澳洲具有独特的动物生存条件。在远古时代，澳洲由于发生大陆漂移，离开了其他各大陆，独自来到了现在的大洋中间。所以，这里的野生动物没有受到其他动物的威胁，独立地生存和繁衍了下来，因此，这里没有其他大洲普遍有的动物，却也拥有其他大洲没有的动物，可谓独树一帜，袋鼠就是其中典型的代表。

澳大利亚被称为“世界活化石博物馆”。据统计，澳大利亚有植物12000种，有9000种是其他国家没有的；有鸟类650种，450种是澳大利亚特有的。全球的有袋类动物，除南美洲外，大部分都分布在澳大利亚。

澳洲风光一景

澳洲都有哪些哺乳动物

考拉，也称树袋熊，生活在澳大利亚，既是澳大利亚的国宝，又是澳大利亚奇特的珍贵原始树栖动物，属哺乳类中的有袋目树袋熊科。分布于澳大利亚东南部的尤加利树林区。

澳大利亚的单孔类哺乳动物中，最奇特的要数鸭嘴兽，鸭嘴兽是出现在澳大利亚硬币上的动物，它们分布于澳大利亚东部约克角至南澳大利亚之间，在塔斯马尼亚岛也有栖息。它是最古老而又十分原始的哺乳动物，早在2500万年前就出现了。它本身的构造，提供了哺乳动物由爬行类进化而来的许多证据。

趣味链接

说起袋鼠这个名称的由来也颇具戏剧性，当英国航海家詹姆斯库克船长初抵澳洲的时候，船员们对这种前腿短、后腿长的怪兽感到非常惊异，就问当地的土著居民怎样称呼这种动物，土人回答："康格鲁"。于是，"康格鲁"便成了袋鼠的英文名字，并沿用至今。可是人们后来才弄明白，原来"康格鲁"在当地土语中是"不知道"的意思。

澳洲特有的袋鼠

北极地区——冰天雪地的乐园

极地地区是哺乳动物的生存地区，这里主要是指北极地区。南极地区主要生活的动物是企鹅，不属于哺乳动物，而南极的鲸鱼和海兽类可以划为海洋动物。

北极地区是指北极附近北纬66° 34′ 北极圈以内的地区。北冰洋是一片浩瀚的冰封海洋，周围是众多的岛屿以及北美洲和亚洲北部的沿海地区。

北极地区生活的哺乳动物主要包括北极熊、北极狼、北极狐、北极兔等，这些动物无一例外都呈现出银白色，这主要是为了捕猎和躲避时隐蔽自我的保护色。这些动物的绝对数量都不是很大，均在数万头左右，现在均属于濒危状态。

北极的冰天雪地

趣味链接

北极熊是水陆两栖动物，当然会游泳。北极熊全身披着厚厚的白色略带淡黄长毛，它的长毛中空不仅起着极好的保温隔热作用，而且增加了它在水中的浮力。它的体型呈流线型，熊掌宽大宛如前后双桨，前腿奋力前划，后腿在前划的过程中还可起到船舵的作用。因此在寒冷的北冰洋水中它从不畏寒，可以畅游数十千米，是长距离游泳健将。

遗憾的是，北极熊仅是长距离单项游泳健将。它几乎不会潜泳，这正是它捕食海豹和海象时的天大缺陷，它不能在水下捕食海豹和海象。

海洋——与鱼类共舞

海洋的总面积约为3.6亿平方千米，约占地球表面积的71%，因此海洋面积远远大于陆地面积。

海洋中的动物以鱼类为主，但是，海洋中也生存着大量哺乳动物。

生活在海洋里的海象

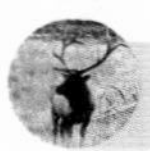

趣味链接

生物学家认为鳍足类动物和胡狼源自同一个祖先。大约在3000万年前，海洋里的食物资源大大增加，在那时有些象犬类的肉食性动物开始慢慢转移到海洋里来寻找食物，为了能适应在水中觅食，他们的身体和生理产生了很大的变化，他的四肢演化成鳍状以方便在水中游泳，经过长时间的演变进化，就形成了现在的鳍足类动物。

这些哺乳动物都属于食物链的较高层次。代表动物有各种鲸类，如座头鲸、长须鲸、虎鲸、白鲸等，包括海豚。

海洋中还生存有数量庞大的海兽，有海狮、海象、海豹、海牛等，这些海兽主要生活在海岛和大陆的沿海地区，它们在海洋中捕食鱼类和企鹅，在陆地上产崽和栖息。

近年来，由于大量的捕杀和环境污染，这些海洋生物的生存也受到了严重威胁，许多鲸类已经濒临灭绝，海兽的数量也大大减少。

形形色色的哺乳动物

哺乳动物中，既有食肉的狮子、老虎、猎豹，也有食草的斑马、羚羊，还有飞翔的蝙蝠和海中的鲸鱼和海兽，可谓丰富多彩。下面，就让我们一起走进绚丽的哺乳动物世界。

陆地上最大的庞然大物——大象

大象是所有的动物园中，游人最为聚集的地方。在一片开阔的大象广场上，大象们悠然自得地踱着步，完全无视周围人的目光与相机，一会儿他们伸出鼻子在壕沟里吸水，一会儿又仰天长哮一声，两只长牙长长的伸出体外，王者之气尽显。而小象就更可爱了。它们耷拉着小鼻子，跑来跑去，憨态可掬。

大象是现存陆地上最大的动物，但是它并不是最大的哺乳动物，这个桂冠属于海里的鲸鱼。大象是食草动物，它没有任何天敌，有的时候，小象会受到狮子的攻击，不过概率极小。

大象的分类

大象，英文elephant，长鼻目，象科，通称象。大象平均每天能消耗

人类对象牙的贪婪

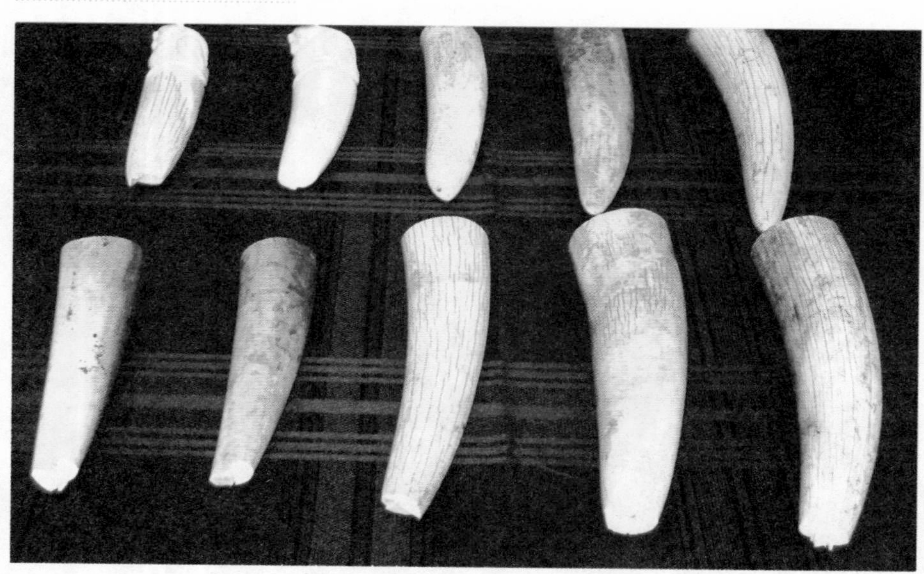

75～150千克植物。尽管有一个巨型的胃和19米长的肠子，但是它的消化能力却相当差。它们主要外部特征为柔韧而肌肉发达的长鼻和扇大的耳朵，具有缠卷的功能，是象自卫和取食的有力工具。长鼻目仅有象科1科共2属2种，即亚洲象和非洲象。

大象的习性

大象是群居性动物，以家族为单位，由雌象做首领，每天活动的时间，行动路线，觅食地点，栖息场所等均听雌象指挥。而成年雄象只承担保卫家庭安全的责任。有时几个象群聚集起来，结成上百只大群。

在哺乳动物中，最长寿的动物就是大象，据说它能活60到70岁。当然野生场合和人工饲养是不同的，前者的寿命短些。据记载，加拉帕格斯群岛的长寿象能活180到200岁。

象栖息于多种环境，尤其喜欢丛林、草原和河谷地带。一些象已被人类驯养，作为家畜，可供骑乘或服劳役。象牙一直被作为名贵的雕刻材料，价格昂贵，使大象遭到大肆滥捕，数量急剧下降。大象不能倒下，它一倒下就会死去。

前文已经介绍过亚洲象，在这里重点介绍非洲象。

非洲象的种类和特征

非洲象分布于非洲中部、东部和南部的热带森林、丛林和草原地带。

非洲成年象相当强悍，近年来研究表明非洲象有两种：非洲草原象和非洲森林象。常见的非洲草原象是世界上最大的陆生哺乳动物，耳朵大且下部尖，不论雌雄都有长而弯的象牙，性情极其暴躁，会主动攻击其他动物。

非洲森林象耳朵圆，个体较小，一般不超过2.5米高，前足5趾，后足4趾（和亚洲象相同），象牙质地更硬。最近根据基因分析证明它和非洲草原象不是同一个种类。

非洲草原象和非洲森林象有着明显不同的遗传特征，其外表特征也

大 象

有很大的差别：森林象体形较小，耳圆，象牙较直且呈粉红色。过去在非洲雨林中还发现过体形更小的倭象，现在被认为是非洲森林象的未成熟个体。足下肉变大，更适应缺水的生活，非常知道节约用水，而且会在沙漠中寻找水源。

大象的水性

与一般人的想象不同，大象这样一种笨重的家伙游泳水平却很高，它的水性极好，能够涉过宽而且深的大河和湖泊，甚至能够进行马拉松式的游泳。在游泳的过程中，它们轮流将头和前脚放在前面一只大象的身上，只用后腿游泳。通过交替休息，共同达到目的地。这样的游泳活动，它们能够连续进行30多个小时。

大象非常喜欢水，总是在河边转悠，每次都喝非常多的水，而且还用鼻子吸水浇在身上洗澡。即使在水中称王称霸的鳄鱼，在面对大象时也无可奈何，任由它挥霍非洲草原宝贵的水源。

大象的长鼻子

大象的鼻子举世闻名，几乎所有人印象最深刻的就是它了。象的鼻子是一条长长的、能够灵活运动的、由肌肉组成的管子。大象的鼻子不但怪异，而且神通广大，具有人的双手一样的功能。象的鼻子可以拔起10米高的大树，搬运1000千克的木材也不在话下，也能摆弄地下很小的物件。象鼻还可以吸水和尘土，然后将它们喷射在自己和别的象身上，借以清洁皮肤或是清除寄生虫。

大象非常喜欢“泥巴浴”，就是把泥浆喷射到身上，这看似越洗越脏，其实是一项好运动。大象没有汗腺和皮脂腺，所以，泥巴中的水分蒸发就像流汗，给大象带来凉爽的感觉，同时还有保养和按摩的功效。泥巴浴同样可以清除寄生虫。

此外，象的鼻子还可以用来触摸和交流，母象就经常使用鼻子来教育和安抚小象。大象发怒的时候，象鼻还可以用来扩大声音，显示争斗的决心和恐吓，同时是搏斗的一个武器。

美丽的斑点动物——豹

在哺乳动物里，最美丽迷人的动物就是豹了。这种代表了力量、速度、权力和优雅的动物，千百年一直吸引着人们的目光。早在古埃及时代，人们就将人工驯服了的豹作为宠物和护卫动物，在古罗马时代，人们将豹作为猛兽与角斗士搏杀。

豹身上长有斑点，对自然的适应力极强，在生物链中处于顶端地位。非洲的豹唯一的敌人就是狮子，印度的豹会惧怕孟加拉虎，而美洲的豹则没有天敌。现在，随着人类的盗猎和生存环境的恶化，豹也处于灭绝的危险。

我国的豹种类主要是金钱豹，其形态似虎，身长在1米以上（不包括尾），它们在林中游荡，捕食猿猴、野兔、鹿和鸟类等。金钱豹生性凶猛，甚至可与虎交锋。

豹不全是金黄色的斑点豹，也有一种黑豹，通身黑色，主要分布于亚洲。事实上，黑豹的皮毛上仍然有斑点，但只有在强光的照耀下才会显现出来。黑豹即使在白天也居住在黑暗的森林深处。它们的力量非常强，可以拖拽两倍体重的猎物上树食用。

豹还有云豹、雪豹、美洲豹等。

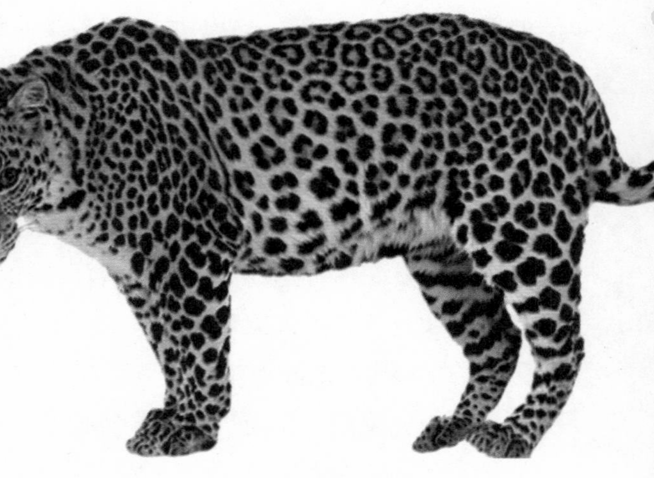

猎 豹

非洲草原跑得最快的杀手——猎豹

猎豹的习性

猎豹是陆上奔跑速度最快的动物，极限时速每小时115千米，相当于人类百米世界冠军的3倍快。猎豹不仅是陆地上速度最快的动物，也是猫科动物成员中历史最久、最独特和特异化的品种。

猎豹属脊索动物门、哺乳纲、食肉目、猫科、猎豹亚科、猎豹属、猎豹种。猎豹有两个亚种，一个是非洲亚种，一个是亚洲亚种。非洲亚种比较多，还有9000～12000头。亚洲亚种比较少，它主要生活在伊朗，现在还有300头左右。

猎豹在非洲草原上处于食物链的顶端，仅次于非洲狮。猎豹与非洲狮是死敌，狮子不会放过任何一个杀死豹子的机会，除此以外，猎豹只需要面对残酷的猎食环境了。

猎豹外形似豹，但身材比豹瘦削，头小而圆，四肢细长，趾爪较直，不像其他猫科动物那样能将爪全部缩进。

猎豹栖息于有丛林或疏林的干燥地区，平时独居，仅在交配季节成对，也有由母豹带领4～5只幼豹的群体。

猎 豹

猎豹的捕食

每天清晨。猎豹所需要做的，就是寻找到一只跑得最慢的羚羊。它以羚羊等中、小型动物为食，有时候也捕食狒狒和疣猪。与狮子不同，它没有能力捕捉斑马、角马、野牛等大型食草动物。

猎豹除以高速追击的方式进行捕食外，也采取伏击方法，它隐匿在草丛或灌木丛中，待猎物接近时突然窜出猎取。猎豹不能长期奔跑，否则会导致猎豹体温过热，甚至导致死亡。

猎豹是所有大型猫科动物中最温顺的一种，除了狩猎之外一般不主动攻击，易于驯养。古代曾用它助猎。

猎豹曾有较广泛的分布区，从非洲大陆到亚洲南部各国都有栖息，由于人类长期的滥猎，目前印度等地已绝灭，在非洲西南部各地很稀有。

猎豹的体型修长，无法和其他大型猎食动物如狮子、鬣狗等对抗，辛苦捕来的猎物经常被它们抢走。

雄猎豹的体型略微大于雌猎豹，猎豹背部的颜色是淡黄色。它腹部的颜色比较浅，通常是白色的。它全身都点缀有黑色的圆形斑点，鼻子两边各有一条明显的黑色条纹从眼角处一直延伸到嘴边，如同两条泪痕。这个条纹就是我们用来区别猎豹与豹的一个特征。

古老的猎豹

在北美的得克萨斯、内华达、怀俄明这些地方发现了目前世界上最古老的猎豹化石，大约是生存在10000年以前。那时候是地球上最后一次冰期，地球气候变冷，在地球的两端，南、北极覆盖着大面积的冰川。在那个时期，猎豹还广泛地分布于亚洲、非洲、欧洲和北美洲。当时冰期气候变化导致大批动物死亡，这时候在欧洲和北美洲的猎豹，以及亚洲、非洲部分地区的猎豹都灭绝了。

目前，猎豹虽然还没有灭绝的危险，但是，日益残酷的气候条件和生存领地的减少，还是威胁到了它们的生存。

动物世界的王者——狮子

狮子是权力和地位的象征，这一点没有人会怀疑。无论是在东西方文化中，狮子都代表了皇权和威严。这种草原上的王者带给我们的，是生命的活力与奋斗精神。通常，我们所说的狮子特指“非洲狮”，它是非洲的象征，还有一种亚洲狮，但是数量已经很少了。

狮子的分类

狮子属哺乳纲、真兽亚纲、食肉目、裂脚亚目、猫型超科、猫科、豹亚科、豹属、狮种。狮子是唯一一种雌雄两态的猫科动物。狮的体型巨大，非洲雄狮平均体重185千克，全长2.7米，是最著名的猫科霸主。

非洲狮

狮的毛发很短，体色有浅灰、黄色或茶色，不同的是雄狮还长有很长的鬃毛，鬃毛有淡棕色、深棕色、黑色等，长长的鬃毛一直延伸到肩部和胸部。那些鬃毛越长，颜色越深的雄狮，常常更能吸引母狮的注意。狮的头部巨大，脸型颇宽，鼻骨较长，鼻头是黑色的。

狮的耳朵比较短，耳朵很圆。狮的前肢比后肢更加强壮，它们的爪子也很宽。狮的尾巴相对较长，末端还有一簇深色长毛。

生活在非洲大陆南北两端的雄狮，其鬃毛更加发达，一直延伸到背部和腹部，它们的体型也最大，不过在人类的大量捕杀下，这两个亚种都相继灭绝了。位于印度的亚洲狮体型比非洲狮要小，鬃毛也比较短。它们也处在灭亡边缘。

狮子的分布

狮过去曾生活在欧洲东南部、中东、印度和非洲大陆。生活在欧洲的狮大约在公元1世纪前后，因人类活动而灭绝，生活在亚洲，尤其是印度的狮在20世纪初差点被征服印度的英国殖民者猎杀殆尽，幸好一向将狮奉为圣兽的印度人，在最后保住了它们，将它们安置在印度西北古吉拉特邦境内的吉尔国家森林公园内。那里的狮如今已繁衍了大约300～400只左右。生活在西亚的亚洲狮因偷猎而灭绝后，吉尔国家森林已成了亚洲狮最后的栖息地。

生活在非洲的狮，如今基本分散在撒哈拉沙漠以南至南非以北的大陆上。在这里的广阔草原、开阔林地、半沙漠地区生活，在肯尼亚海拔5000米的高山中也有发现。

狮子的习性

与其他猫科动物最不同的是，狮属群居性动物。一个狮群通常由4～12

小非洲狮

只有亲缘关系的母狮、幼狮以及1～6只雄狮组成。这几只雄狮往往也有亲属关系。狮群的大小取决于栖息地状况和猎物的多少。东非的狮群往往比较大，因为那里的食物充足。最大的狮群可能聚集了30个甚至更多的成员，但大部分狮群维持15个成员左右，小一些的狮群也很常见。一个狮群成员之间并不会时刻待在一起，不过它们共享领地，相处比较融洽。例如，母狮们会互相舔毛修饰，互相哺育和照看孩子，还会共同狩猎。

狮子的捕猎

狮群中的狩猎工作基本由母狮完成。它们不论白天黑夜都可能出击，不过夜间的成功率要高一些，风对于狮子捕食来说，一般没多少影响，不过要是遇到大风天，它们可能就会占了便宜。因为风吹草动制造的噪音，会掩盖住这些母狮靠近的声音。母狮们总是协同合作，尤其是猎物个头比较大的时候。如果它们吃饱了，就能五六天内都不用捕食。

狮群中的雄狮很少参与捕猎，基本上只负责“吃”。不过尽管不事生产，雄狮仍然受到母狮的尊重，通常母狮会将捕猎回来的战利品，先由雄狮享用，等它们用膳完毕才轮到地位最高的母狮，最后才是幼狮们。狮群中的雄狮当然也不完全是白吃，它们除了承担一半繁衍后代的任务，还要担负起保护狮群不受侵略的重任。

狮子通常会捕食比较大的猎物，例如野牛、羚羊、斑马，甚至年幼的河马、大象、长颈鹿，等等。当然小型哺乳动物、鸟类等也不会放过。但是它们不会吃动物腐尸。

狮子的生活

狮群中的母狮基本是稳定的，它们一般自出生起直到死亡都会待在同一个狮群。当然狮群也会接纳新来的母狮。但公狮常常是轮换的，它们在一个狮群一般只待两年，然后另寻其他狮群。还有，刚成年的青少年雄狮也会被狮群赶走。

狮群的领地范围大小不等，例如在卡拉哈里沙漠的狮群可能会占到119～275平方千米的领地，而在内罗毕国家公园里生活的狮群，顶多能抢到31平方千米就不错了。狮群中最大的领地能超过400平方千米，边界用排泄物划分。

狮子是同类竞争最激烈的猫科动物，狮群会尽量避免与其他狮群遭遇。

美洲的独行侠——美洲狮

美洲狮是生活在北美洲的一种凶猛的食肉动物，它长得像非洲的母狮，但是它们并不是狮子。它的体形和质量要比非洲狮小得多，其杀伤能力也相对小很多。与其说是狮子，不如说它更接近豹。

与非洲狮多少还惧怕鳄鱼和大象不同，美洲狮在美洲大陆没有任何敌人。现在野生的美洲狮已经很少了。

美洲狮主要以野生哺乳动物为食，也吃蚂蚁、啮齿类动物、鸟类、鸟蛋等，在饥饿的时候，它们也会攻击家禽、家畜，甚至连最难对付的犰狳、豪猪和臭鼬也不放过。如果美洲狮捕捉到的猎物比较多，它们就把剩余的食物藏在树上，等以后再回来食用。

美洲狮在跳跃方面有着过人的天赋，它轻轻一跳便是6、7米远，如果奋力一跃，可以达到10几米远。

濒临灭绝的独行者——虎

在中国人的意识中，虎是最富有霸气的动物，诸如“虎虎生威”、“龙腾虎啸”、“放虎归山”等成语，都是表达了一种对虎的敬畏之情。可见，虎在人们心中的崇高地位。

在“谁是真正的兽中之王”的争论中，虎是唯一对狮子构成挑战的动物。人们总是在设想狮子和虎相遇，谁会是胜利者，不过这种比较没有现实意义，它们从来没有在一起生存过。

虎的分类

虎，又称老虎，是当今体型最大的猫科动物，也是亚洲陆地上最强的食肉动物之一。虎是动物界，脊索动物门，哺乳纲，食肉目，豹属。

最大的虎种体重可以达到350千克以上。老虎对环境要求很高，各老

老　虎

虎亚种均在所属食物链中处于最顶端，在自然界中没有天敌。虎的适应能力也很强，在亚洲分布很广，从北方寒冷的西伯利亚地区，到南亚的热带丛林，及高山峡谷等地，都能见到其优雅威武的身影。

虎的习性

在我国东北地区，虎常出没于山脊、矮林灌丛和岩石较多或砾石塘等山地，以利于捕食，虎常常单独活动，只有在繁殖季节，雌雄才在一起生活。它们没有固定巢穴，多在山林区游荡寻食。生性机警又善于游泳，能爬上5、6米高的树。

虎多在黄昏或清晨活动，白天休息、潜伏，但在严寒的冬季，白天亦出来捕食（此情况多见于东北虎及其他北方地区的亚种）。

虎的活动范围较大，一般在500～900平方千米，最大的可达4200平

虎

方千米以上。在北方觅食活动范围可达数十千米，在南方西双版纳因食物较多则活动距离短。捕食野猪、马鹿、水鹿、狍、麝、鹿等有蹄类动物，偶尔亦捕食野禽，夏秋季亦采摘浆果和大型昆虫等。

虎的捕猎

虎最精良的攻击武器，就是粗壮的牙齿和可伸缩的利爪。捕食时异常凶猛、迅速而果断，以消耗最小的能量来获取尽可能大的收获为原则。但捕食猛兽时，若没有足够的把握绝对不干。

当虎嗅到猎物的气味时，马上会低伏着前进，寻找掩护的东西，无声地从后面接近猎物，当距离猎物10～20米远的时候，突然跃起来，用前爪抓住猎物的背部拖倒在地，用尖锐的虎牙咬断猎物的气管后才松口。

虎每次食肉量为17～27千克，体形大的每顿可达35千克。由于脚上生有很厚的肉垫，老虎在行动时声响很小，机警隐蔽。它在雪地上行走时，后脚能准确地踩在前脚的足迹上。跳跃能力大，一跳约5～6米远。

濒临灭绝的虎

虎是一种独居动物，每只虎都有自己的领地。当雄虎和雌虎巡视领地时，会举起尾巴将有强烈气味的分泌物和尿液喷在树干上或灌木丛中，界定自己的势力范围。有时也会用锐利的爪在树干上抓出痕迹，以表示这块地方属于自己。

我国的虎主要有东北虎和华南虎，野生的华南虎已经很难见到，野生东北虎也非常少见。世界上还有西伯利亚虎（东北虎），东南亚虎，苏门达腊虎，孟加拉虎等，其余的诸如里海虎、巴厘虎、爪哇虎等都已经灭绝。

巴厘虎是现代虎中最小的一种，体型不到北方其他虎的1/3。它的体长约2.1米，重90千克以下，生活在印尼巴厘岛北部的热带雨林里。这里水源和食物充足，成了巴厘虎的天然保护区。色彩斑斓的巴厘虎对印尼人来说是一种超自然的存在，甚至出现在传统的艺术假面具上。19世纪到20世纪初，虎在自己的生存地到处遭人袭击，而随着巴厘岛上人口的

增加，人侵犯了巴厘虎的生活空间。巴厘虎对人的威胁也进一步增加，许多人就成了巴厘虎的牺牲品。

欧洲殖民者入侵来到巴厘岛后毫不留情的猎杀巴厘虎，他们的这一恶习也传给了当地的印尼人。因为虎皮能在市场上卖个好价钱，人们就肆无忌惮的猎杀巴厘虎。巴厘虎不仅皮毛吸引人，它的骨头在我国台湾等地也非常受喜爱，常常被用做酒和药材。在人们的欲望面前，所剩不多的巴厘虎简直不是对手。

世界上原有8种虎，现在只剩下5种。而且令人担心的是那些野生的虎能否活到21世纪中期。据记载。最后一只巴厘虎于1937年9月27日在巴厘岛西部的森林里被贪婪成性的猎人射杀。

孟加拉虎趣闻

现在，世界上数量最多的虎是生活在印度、孟加拉地区的孟加拉虎，尽管保护力度不断加大，但是这些虎的数量也在继续减少。盗猎和人类对森林的砍伐，使这种虎也处于灭绝的边缘。当地政府的保护人员坐着大象巡视着林区，保护着这些珍贵的物种。

在印度，老虎伤人的情况屡有发生，由于虎特别喜欢在背后突然袭击人类，人们想出了一个有趣的办法，就是在林区行走时，在脑后戴上一个面具，面具上怒目圆睁，盯着背后可能偷袭的老虎，让老虎以为人是正面对着它，这样一来，老虎就有所顾忌了。

团队精神的楷模——狼

狼，也称为灰狼，是犬科动物，DNA序列与基因研究显示，狼与家犬有共同的祖先。狼是现在犬科动物中体型最大的物种。狼这个物种是地球上分布最广的物种，包括北美和欧亚大陆，但如今在西欧、墨西哥与美国的大部分地区已经绝迹。它们主要栖息在荒野或边远地区。由于

狼

人类的大量捕杀，狼的数量已经大大减少了。

狼的特征

说起团队协作，这个世界上没有什么动物能够比得上狼了。一群狼分工明确，有的狼负责驱赶散猎物，有的负责攻击弱小的对手，有的负责前部撕咬，有的负责后部攻击，其余的一拥而上，团队协作咬死猎物后，一同分享，谓之以“狼群战术”。狼是以肉食为主的杂食性动物，是生物链中极关键的一节。

狼的外形和狼狗相似，但是吻略微尖长，口稍宽阔，耳竖立不曲。尾挺直状下垂；毛色棕灰。狼的栖息范围很广，适应能力极强，凡是山地、林区、草原、荒漠、半沙漠以至冻原均有狼群生存。在我国，除了台湾省、海南省以外，各个省区都有狼的踪迹。

狼既十分耐热，又不畏严寒。它主要在夜间活动、嗅觉敏锐、听觉良好，是一种十分机敏的动物。狼的性格残忍而机警，非常善于奔跑，

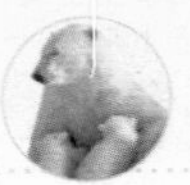

经常采用穷追猛打的方式获得猎物。狼的食性很杂，主要以鹿类、羚羊、兔等为食，有时也吃昆虫、野果或偷盗人类饲养的猪、羊等。狼的忍耐力非常强，能够耐得住饥渴，一旦机会来了，食量也很大。

狼的习性

狼曾经在全世界广泛分布，目前主要只出现于亚洲、欧洲、北美和中东。

狼属于生物链上层的掠食者，通常群体行动。由于狼会捕食羊等家畜，因此直到20世纪末期前都被人类大量捕杀，一些亚种如日本狼等都已经绝种。

狼是群居性极高的物种。一群狼的数量大约在6到12只之间，在冬天寒冷的时候最多可到50只以上，通常以家庭为单位的家庭狼由一对优势对偶领导，而以兄弟姐妹为一群的则以最强一头狼为领导，也就是狼王。

野生的狼一般可以活12～16年，人工饲养的狼有的可以活到20年左右。

狼的奔跑速度极快，可达55千米左右，狼的持久性也很好。它们有能力以60千米/小时的速度奔跑20千米。如果是长跑，狼的速度甚至会超过猎豹。狼的智商颇高，可以通过气味、叫声沟通。

狼的嚎叫

狼的最标志性的形象就是它的嚎叫了，当它仰天长啸的时候，那“嗷、嗷”的声音响彻山谷，令人产生无限的感慨。其实，人们完全不用害怕狼的嚎叫，这叫声其实只是狼之间的联络，或是呼唤同伴，或是警告入侵者。而捕猎时如果有同伴牺牲，其他的狼也会在旁边嚎叫，表示悲痛。

草原上的“清道夫”——鬣狗

鬣狗的特色

在电视纪录片里常常会看到这样一个场景。凶猛的狮子或豹子好不容易捕获了猎物，还没来得及享用，成群的鬣狗就闻风而来，它们并不直接对抗，只是在一旁骚扰侵袭，冷不防冲过来叼走一块肉，仗着狗多势众，狮子和豹子也奈何它们不得。最后的结果是，往往猎物被它们哄抢，而真正的猎手却得不到多少战利品。

鬣　狗

一旦狮子或豹子离开，这些鬣狗就继续啃那些残羹剩饭，把猎物吃个精光。

鬣狗，是一种体型中等，生活在非洲、阿拉伯半岛、亚洲和印度次大陆的陆生肉食性动物。它们同属于一科：鬣狗科。鬣狗的外形与狗非常像，头比狗的头短而圆，毛棕黄色或棕褐色，有许多不规则的黑褐色斑点，以食用兽类尸体腐烂的肉为生。鬣狗虽外形像狗，其实更接近猫科动物，其超强的咬力甚至能咬碎骨头吸取骨髓，是非洲大草原上最凶悍的清道夫。

不公正的看法

多年来，人们把斑鬣狗描述成“猥琐胆小、令人讨厌的家伙”，说它是“最丑陋的、怪模怪样的、蠢笨的贪食尸骨的动物”。这些贬义之词，实际上是对斑鬣狗的误解。

其实，斑鬣狗是一种强悍的中型猛兽，它们集体猎食瞪羚、斑马、角马等大中型草食动物，甚至可以杀死半吨重的非洲野水牛，并不是靠吃狮子吃剩的残骸和尸骨果腹生活的弱者。斑鬣狗是夜行性猛兽，它们白天在草丛中或洞穴中休息，夜间出来四处游荡，到处觅食。它们单独地、成队地或几只一起去猎食，有时40～60只一起有组织地对大动物斑马、野牛等进行围猎。

然而，斑鬣狗将猎物捕获之后，在进食中，由于兴奋和争食，会发出一种像人一样“吃吃”发笑的声音，这一声音往往会把狮子引来。于是，悲剧就这样发生了。狮子赶走了斑鬣狗，吃着它们辛辛苦苦捕获的食物，而斑鬣狗自己却在一旁围观、等候。清晨，人们看到这一幕，便错误地下了结论：斑鬣狗专门等着捡狮子没吃完的剩肉。由此看来，斑鬣狗真是深受狮子之害。

当斑鬣狗集体捕获猎物时，它们就会一拥而上，同时撕咬猎物的肚子、颈部、四肢及全身各处。为了防备狮子前来掠夺它们的食物，整个族群的斑鬣狗就一起狼吞虎咽地分享这份大餐。数十分钟内，猎物便被它们分食得干干净争。

鬣狗的捕猎

斑鬣狗捕食时，根据不同情况，采用不同的战术。斑鬣狗往往在夜间袭击角马群，它们以40～50千米的时速追逐2～3千米后，冲散马群，迅速围上一只角马，用强大的犬齿咬住角马鼻子、腿或腰部，死死不放，直到角马窒息而死。

对于斑马，斑鬣狗也是依靠集体的力量。在碰到斑马群的时候，它们往往很冷静，缓缓地保持一定距离，在斑马群中穿行，伺机而动。由于雄斑马有很强的抵抗能力，而且拼命地保护母斑马和小斑马，所以斑鬣狗得手的机会不是很多。然而，一旦有老弱斑马单个落入它们的包围圈，生还的机会很小。

也许，真正的答案是，上述的两种现象都存在，鬣狗既“不劳而获”，抢夺别人的猎物，同时只要有机会，也去集体狩猎，这个时候，狮子就反而成了抢夺者。所以，简单地说鬣狗是食腐动物是不公平的。不管怎样，这种凶悍的草原杀手还是令人敬畏的。

鬣狗与土狼

土狼是鬣狗的一种，它主要生活在东非和南部非洲，与鬣狗不同，它们不吃肉，而是喜欢用带有黏液的舌头舔食白蚁。和鬣狗相比，土狼的牙齿比较小，而且爪子也没有那么锋利。但是它们的听觉十分灵敏，这一点有助于它们找寻食物。土狼白天一般躲在地洞里，天黑后出来觅食，用爪子从地下挖食昆虫。而且，它们栖息的地洞，也往往是土豚所遗弃的。

笨拙而凶悍的庞然大物——熊

可爱的熊

熊是一种非常受到小朋友喜爱的动物。在全世界，每年要出售出上亿个以熊为形象的毛绒玩具，这其中以泰迪熊为代表。此外，诸如小熊维尼为代表的卡通熊形象也处处可见，在极地馆里，北极熊也是最受欢迎的动物。可以说，熊已经深入到了我们生活的方方面面。

熊的特征

熊，食肉目，是属于熊科的杂食性大型哺乳类，以肉食为主。从寒带到热带都有分布。熊的行动缓慢，营地栖生活，善于爬树，也能游

棕　熊

泳。熊的嗅觉较为灵敏，但是视觉和听觉很差，所以在我国，熊有一个外号，叫“熊瞎子”。

熊的种类较少，全世界仅有7种，我国有4种：马来熊、棕熊、亚洲黑熊、大熊猫。熊除了澳洲、非洲南部外，多有分布。

熊躯体粗壮肥大，体毛又长又密，脸型像狗，头大嘴长，眼睛与耳朵都较小，臼齿大而发达，咀嚼力强。四肢粗壮有力，脚上长有5只锋利的爪子，用来撕开食物和爬树。尾巴短小。熊平时用脚掌慢吞吞地行走，但是当追赶猎物时，它会跑得很快，而且后腿可以直立起来。

熊常见的特征有短尾、极佳的嗅觉、五个无法收缩的爪，以及长、密、粗的毛。刚出生时，它的大小与天竺鼠差不多，至少要与母亲生活1年。

熊的嗅觉十分灵敏，视力以及听觉比较差。它们的牙齿是用来防御和当作工具。它们的爪子可以用来撕扯、挖掘和抓取猎物。

熊是杂食性动物，它们既吃肉食，也吃一些植物性的食物，如草、树叶和植物的根茎等，只有北极熊是个例外，它们的食物是鱼和海豹。熊极少主动攻击人，也愿意躲避人类。但是，当它们保卫自己的领地或幼仔时，会变得非常凶猛。

棕　熊

棕　熊

熊的家族

熊的家庭成员体型差别较大，块头有大有小。一般的是北极熊（540千克），棕熊最大（1000/100千克），然后是美洲黑熊（约450千克）、亚洲黑熊（约150千克）、懒熊（140千克）、眼镜熊（约175千克）、马来熊（约45千克）。

速度最快的灰熊，时速可以达到48千米，棕熊在崎岖山路速度可以达到30千米/小时，速度很快。可不能认为熊的速度很慢，比人类快多了。

目前，世界上的野生熊数量最多的是北极熊和美洲棕熊。美洲棕熊重要栖息在寒温带的针叶林中，在高原草甸也能生活。棕熊的力量大得惊人，可以拖动一匹马。它们多在白天活动，行动缓慢。其食性非常杂，几乎什么都吃，包括果实、鹿和回游的鲑鱼等，甚至在饥饿时还会捕杀别的熊。

熊的家族中有一种外貌非常有特色的熊，就是眼镜熊。眼镜熊很小，只有1.5米左右长，全身都是黑色或棕黑色，在眼睛周围有一圈灰白至浅黄的像眼镜一样的斑纹，因此得名。眼镜熊是唯一产自南美的熊，它主要栖息在安第斯山脉的北部的森林里。

“勇敢的小战士”——狒狒

狒狒的习性

自然界中的狒狒大多比较好斗，因为对外比较团结，所以是自然界唯一敢于和狮子作战的动物，一般3～5只狒狒就可以搏杀一只狮子，作战十分果敢、顽强，所以动物园的说明文字一般都亲切地称狒狒为：勇敢的小战士！

狒狒是世界上体型仅次于山魈的猴，共5种，主要分布于非洲，个别种类也见于阿拉伯半岛，是杂食性动物。主要天敌是豹。

狒狒栖息于热带雨林、稀树草原、半荒漠草原和高原山地，更喜生活于较开阔多岩石的低山丘陵、平原或峡谷峭壁中。主要在地面活动，也爬到树上睡觉或寻找食物。善游泳。能发出很大叫声。食物包括蝎子、蛴螬、昆虫、鸟蛋、小型脊椎动物及植物。狒狒的力气很大，几只狒狒便能袭击小型羚羊。

狒狒的团结

狒狒一般结群生活，每群十几只至百余只，也有200～300只的大群。群体由老年健壮的雄狒率领，群内有专门眺望者负责警告敌害的来临，退却时，首

先是雌性和幼体，雄性在后面保护，发出威吓的吼叫声，甚至反击，因力大而勇猛，能给来犯者造成威胁。狒狒每天的觅食活动范围达8～30千米。它们无固定繁殖季节，5～6月为高峰，孕期6～7个月，每胎产1仔，寿命约20年。

狒狒相互之间非常善于交流，研究数据表明，狒狒之间的交流，有助于相互间梳理皮毛和降低心率跳动次数，即缓和心绪，而且能促使脑内物质内啡肽分泌加快，以消除紧张心绪。

心理学家根据以往的观察资料还发现，当雄狒狒面对危险时，不是以威吓的方式回报对方，就是逃之夭夭，而雌狒狒面临危险时，会向伙伴们发出求救信号。

古埃及人和法老都称狒狒是太阳神的儿子，因为每天清晨都是狒狒第一时间全体迎接太阳的升起，十分虔诚。狒狒现属于濒于灭绝的珍稀动物。

动物里的哲学家——大猩猩

大猩猩的种群

大猩猩的另外一个美誉是“动物里的哲学家”，它是灵长目猩猩科，大猩猩属，类人猿的总称。大猩猩是灵长目中最大的动物，它们生存于非洲大陆赤道附近丛林中，食素。至2006年为止依然有大猩猩分一种还是两种的争论，种以下它分四至五个亚种。

大猩猩92%至98%的脱氧核糖核酸（DNA）排列与人一样，因此它是继黑猩猩属的两个种后与人类最接近的现存的动物。过去大猩猩曾被认为是一种人类幻想出来的生物。

大猩猩生活在非洲的原始森林里。它们的个头非常大，其中银背大猩猩的体重可以达到200多千克。他的前臂力量非常大，可以举起比正常人大20倍力量的东西，发达的长臂折断一根直径10厘米的竹子就像折断一根小树枝一样。

大猩猩的地盘性不是非常明显。许多群在同一地区寻找食物，不过一般它们避免直接接触。由于大猩猩的主要食物是叶子，因此它们寻找食物的途径相当短。原因是第一当地叶子非常多，第二叶子的营养量比较低，因此它们不得不经常休息。

大猩猩的习性

大猩猩有不同的叫声。它们使用这些不同的叫声来确定自己群内的成员和其他的群的位置，以及来作为威胁的声音。著名的有敲击胸脯。不光年长的雄兽敲击胸部，所有的大猩猩都会敲击胸部。估计这个行为被用来表示自己的位置或者用来欢迎对方。

野生的高山大猩猩现已所剩无几，仅700只左右。它们被保护在国家公园内，由武装的士兵护卫着。可是，为了获取它们的头盖骨与毛皮，偷猎者仍然在猎杀它们。

大猩猩

友爱慈祥的母亲——袋鼠

袋鼠是一种非常有趣的动物，早在2500万年前就已经出现在澳大利亚，是世界上最古老的动物之一。澳大利亚的红土草原是袋鼠的天堂，这种动物看似温文尔雅，实则凶悍好斗。它的标志性动作就是它的跳跃，袋鼠的跳跃高度可达3米以上，其速度可达每小时65千米。在澳大利亚炎热的气候下，白天它通常在树阴下休息，直到晚上凉爽时才出来觅食。

慈祥的袋鼠妈妈

在所有哺乳动物中，小袋鼠的待遇是最好的了。所有雌性袋鼠都长

袋 鼠

有前开的育儿袋，但雄性没有，育儿袋里有四个乳头。“幼崽”或小袋鼠就在育儿袋里被抚养长大，直到它们能在外部世界生存。

袋鼠属于有袋鼠，为袋鼠科，结指鼠儿亚目，袋鼠目，有袋类，哺乳动物纲，脊索动物门，动物界，它们是澳大利亚著名的哺乳动物，在澳洲占有很重要的生态地位。袋鼠前肢短小，后肢特别发达，常常以前肢举起，后肢坐地，以跳代跑。

袋鼠原产于澳大利亚大陆和巴布亚新几内亚的部分地区。其中，有些种类为澳大利亚独有。所有澳大利亚袋鼠，动物园和野生动物园里的除外，都在野地里生活。不同种类的袋鼠在澳大利亚各种不同的自然环境中生活，从凉性气候的雨林和沙漠平原到热带地区。

袋鼠的习性

袋鼠是食草动物，吃多种植物，有的还吃真菌类。它们大多在夜间活动，但也有些在清晨或傍晚活动。不同种类的袋鼠在各种不同的自然环境中生活。比如，波多罗伊德袋鼠会给自己做巢而树袋鼠则生活在树丛中。大种袋鼠喜欢以树、洞穴和岩石裂缝作为遮蔽物。

所有袋鼠，不管体型多大，有一个共同点：长着长脚的后腿强键而有力。袋鼠以跳代跑，最高可跳到4米，最远可跳至13米，可以说是跳得最高最远的哺乳动物。大多数袋鼠在地面生活，从它们强健的后腿跳越的方式很容易便能将其与其他动物区分开来。袋鼠在跳跃过程中用尾巴进行平衡，当它们缓慢走动时，尾巴则可作为第五条腿。袋鼠的尾巴又粗又长，长满肌肉。它既能在袋鼠休息时支撑身体，又能在跳跃起帮助跳得更快更远的作用。

澳大利亚的标志

袋鼠通常作为澳大利亚国家的标志，如绿色三角形袋鼠用来代表澳大利亚制造。

袋鼠生活在野地里，还经常出现在澳大利亚公路上，因此夜间行车要注意，袋鼠的视力很差，加上对灯光的好奇会跳去“看个究竟”。但

因为袋鼠的繁殖率高，数量也很大，所以即使不小心撞死了也不需要负责，会有专门的人把袋鼠尸体收走。

袋鼠通常以群居为主，有时可多达上百只。但也有些较小品质的袋鼠会单独生活。

属夜间生活的动物，通常在太阳下山后几个小时才出来寻食，而在太阳出来后不久就回巢。

奇异而美丽的动物——羚牛

牛科动物

牛科，又称洞角科，在生物分类学上属于哺乳纲的偶蹄目。“洞角”一名是由于本科动物的角中空。

牛科包含以下一些动物：野牛、野牦牛、普氏原羚、藏羚、高鼻羚羊、扭角羚、台湾鬣羚、赤斑羚、塔尔羊、北山羊等。

羚羊和羚羊亚科是有区别的，羚羊包括高角羚亚科、猖羚亚科、羚羊亚科、麂羚亚科、马羚亚科、苇羚亚科和短角羚亚科，而羚羊亚科只包括羚羊亚科中的成员。

羚牛

羚牛，又叫扭角羚。属于偶蹄目、牛科。外形有些像牛，但从结构上看是介于山羊和羚羊之间的动物。体型相当大，体长约1.8～2米，肩

羚　牛

高约1.3～1.4米，体重约300千克。

羚牛栖居在海拔3000～4000米的地方，常在雪线附近活动，平时过孤独的生活。性情粗暴，夜间外出活动。以青草、树枝等为食。

羚牛共有三个亚种，我国都有，其中二个亚种还是我国的特产动物。三个亚种各具不同的基本体色，喜马拉雅羚牛深棕色，产地由不丹向东，沿喜马拉雅山坡到缅甸，然后进入我国境内；四川羚牛身体浅黄色，在腿、背、臀部具有灰黑色的斑纹，生活在四川和西藏高原交界处；金黄色羚牛（又叫“金毛扭角羚”）最美观，体毛金黄发亮，头、面、耳全是桔黄色的。生活在陕西省秦岭山脉。

羚牛是一种极难得的大型珍稀动物。由于它的长相奇特，有些科学家经长期仔细的观察研究后称它为“六不像”，即庞大隆起的背脊像棕熊，两条倾斜的后腿像非洲的斑鬣狗，四肢短粗像家牛，绷紧的脸部像驼鹿，宽而扁的尾巴像山羊，两只角像角马。

非洲草原的壮观景色——角马

纪录片中的顽强斗士

在无数关于非洲大草原的纪录片中，非洲角马是出镜率最高的动物。在茫茫的大草原上，角马群体以数以万只的规模进行迁徙，沿途不断有狮子进行追杀，还要通过急流和险滩，在那里，可怕的非洲鳄潜伏在水中，静静的等待着牺牲者的到来。

角马与狮子和鳄的斗争，在千百万年的时间内不断重复着，它为非洲草原的食肉动物和食腐动物，提供了几乎无限的肉类来源，作为生物链中的中下层动物，它对维持非洲草原的生物多样性起着决定性的作用，它的数量永远是不多也不少，多了则破坏植被，少了则威胁到肉食动物的生存。所以，看似平常的角马，从某种意义上说，才是非洲草原真正的主人。

角马的故事

角马，也叫牛羚，是一种生活在非洲草原上的大型羚羊。在生物分类学上，它属于牛科的狷羚亚科的角马属。

角马属有两种，白尾角马和斑纹角马。

角马的头粗大而且肩宽，很像水牛；后部纤细，比较像马；颈部有黑色鬣毛。全身有长长的毛，光滑并有短的斑纹。全身从蓝灰到暗褐

角马

色，有黑色的脸、尾巴、胡须和斑纹，颜色也因亚种、性别和季节的不同而有所变化。角马有飘垂的鬃须，长而成簇的尾，雌雄两性都有弯角，雄性的又宽又厚，非常光滑，一般雄性角长55～80厘米，雌性角长45～63厘米，角马由此得名。雄性角马重200～274千克，高125～145厘米，雌性角马重168～233千克，高115～142厘米。

角马主要分布在非洲，十分常见。主要分布于非洲中部和东南部，从肯尼亚南部到南非、从莫桑比克到纳米比亚再到安哥拉南部都有；几乎所有的国家公园都有角马，因为他们对环境的适应能力非常强。在非洲的热带大草原上黑尾角马的数量最多。在肯尼亚，也有胡须白色的角马。据说角马现在野生的已经不多了，大多都在各种国家公园中生息繁衍，种群数量正在逐步增加。

角马好群居，雨季结成小群活动；旱季合成大群；雌性组成的群体一般都很小，平均约8只母角马及少年公角马和幼角马。在同一区域通常共有2～25只角马，分几个小群活动。当草源充足时，不大的一片牧场就

角 马

足够一群角马生活了。它们在清晨和午后活动。

角马主要以草为食，也吃些多汁的植物，寿命约15到20年。

优雅而温顺的代表——鹿

鹿是一种非常美丽的食草动物，在西方的传说中，每年的圣诞前夜，圣诞老人和北美驯鹿都会带着圣诞礼物来问候人们。鹿也是东西方文化都非常喜爱的动物，它们一般多长着鹿茸（鹿角），既漂亮又威武。

鹿茸非常有特色，它每年都会自行脱落，鹿茸是非常珍贵的药材，现在已经有人工饲养的鹿，为人们提供鹿茸。对于成年雄鹿而言，鹿茸还有一个功效，就是利用它来格斗以争取交配机会。

有些鹿身上有斑点，有些没有。全世界共有约45种鹿，它们广泛分布于除了澳大利亚之外的世界各地的森林和草原上。

獐也是一种鹿，产于我国长江流域各省及朝鲜，其上体毛色呈枯草黄色，腹部为白色，獐无论雌雄都没有角。俗语说的“獐头鼠目”中的獐就是指这种动物。

鹿

驼鹿是鹿科中体积最大的种类，主要生活在温带森林中，从不远离森林，多以水边的青草和多汁的树叶为食。

驯鹿是北极地区的特产，也是加拿大和美国的代表动物之一。它们的腿长而且有力，适宜在深雪中行走和长途迁徙。

鹿的种类还有水鹿、马鹿和梅花鹿等。

统治海洋的巨无霸——鲸

不是鱼的鲸鱼

鲸，也称作鲸鱼，世界上最大的哺乳动物，也同时是世界上最大的动物。鲸类是由希腊语中的“海怪”一词衍生来的，由此可见古人对这类生活在海洋中的庞然大物所具有的敬畏之情。其实，鲸类动物的体型差异很大，小型的体长只有1米左右，最大的则可达30米以上。

鲸

鲸类动物大部分生活在海洋中，仅有少数生活在淡水环境中。鲸类动物体形同鱼类十分相似，体形均呈流线型，适于游泳，所以俗称为鲸鱼，因为鲸类动物具有胎生、哺乳、恒温和用肺呼吸等特点，与鱼类完全不同，因此属于哺乳动物。

鲸鱼分为须鲸，虎鲸，伪虎鲸，座头鲸。鲸生活在海洋中。鲸的祖先原先生活在陆地上，因环境变化，后来生活在靠近陆地的浅海里。又经过了很长时间的进化，鲸的前肢和尾巴渐渐成了鳍，后肢完全退化，整个身子成了鱼的样子（所以人们误认其为鱼），适应了海洋的生活。

鲸的身体很大，最大的体长可达30多米，最小也超过5米。目前，已知最大的鲸约有160吨重，最小的也有2000千克，我国发现了一头近4万千克重的鲸，约有17米长。

鲸的繁殖能力比较差，平均两年只能产下一头幼鲸。由于人类的捕杀和海洋环境的污染，鲸的数量已经急剧减少。如，鲸类中体型最大的蓝鲸，在20世纪有近36万头被杀戮，目前仅存不到50头。

鲸鱼的分类

鲸在世界各海洋均有分布。它是水栖哺乳动物，用肺呼吸，基本上没有天敌。我们常常见到的海豚也是一种鲸鱼。

其种类分为两类，一类是须鲸类，它们无齿，有鲸须，有两个鼻

鲸

孔，有长须鲸、蓝鲸、座头鲸、灰鲸等种类，比较温和，一般吃微生物和磷虾之类的浮游生物。

齿鲸类，有锋利的牙齿，无鲸须，鼻孔一般一到两个，有抹香鲸、独角鲸、虎鲸等种类，比较凶猛一般食肉。海洋中绝大部分氧气和大气中60%的氧气是浮游植物制造的。须鲸却是浮游植物的劲敌。另外，齿鲸也有助于保持鱼类的生态平衡。齿鲸是以鱼为食的大型哺乳动物。我们熟悉的海豚，也是一种齿鲸。

鲸的生活

鲸是终生生活在水中的哺乳动物，对水的依赖程度很大，以致它们一旦离开了水便无法生活。为适应水中生活，减少阻力，它们的后肢消失，前肢变成划水的桨板。身体成为流线型，酷似鱼。因而它们的潜水能力很强，海豚（小型齿鲸）可潜至100～300米的水深处，停留4～5分钟，长须鲸可在水下300～500米处呆上1小时，最大的齿鲸——抹香鲸能潜至千米以下，并在水中持续2小时之久。

1955年发现在厄瓜多尔附近海中一头被海底电缆缠死的抹香鲸，其潜水深度达1133米。在葡萄牙首都里斯本附近海域的2200米水深处，发现被电缆缠绕而至死的抹香鲸，这是迄今为止哺乳动物潜水最深的记录。

1969年，一条抹香鲸能在潜游1时52分以后游到海面，人们把它杀死后，在它的肚子里发现了一个小时前刚吞食的一种小鲨鱼，据分析，这种鲨鱼只生活在3192米的海洋深处。由此可见，抹香鲸可以潜入海洋3000米深处的地方。

嘴巴最大的动物——河马

河马的生活

河马是一种很有特点的动物。它身体硕大，喜欢群居，善于潜水，怕冷，喜爱温暖的气候。它们的皮肤长时间离水会干裂，而生活中的觅食、交配、产仔、哺乳也均在水中进行。

河马是淡水物种中的最大型杂食性哺乳类动物，是生物分类法里河马科中的两个延伸物种的其中一个（另一个是倭河马）。

河马原来遍布非洲所有深水的河流与溪流中，现在范围已缩小，主要居住在非洲热带的河流间。它们喜欢栖息在河流附近沼泽地和有芦苇的地方。

河马是草食动物和肉食性动物，但是稀疏獠牙长十厘米，母河马为保护小河马极具领域攻击性，每年非洲有数十人接近水边遭河马攻击丧命。当河马攻击人类的时候，它的雪盆大口和致命的獠牙令人胆寒，而它庞大的身躯使得大多数动物都无可奈何。

河马

河马与敌人

一般的河马几乎不用担心尼罗鳄，双方基本上和平共处，有时候尼罗鳄会猎杀落单的小河马，而河马也有攻击尼罗鳄，还有杀死小型尼罗鳄的纪录，但是河马并不能像传说中的轻松重伤3.5米以上的大鳄。虽然河马的体型让他在和一般的尼罗鳄的冲突中占了优势，但是最大的尼罗鳄的体形已经和一般年轻的成年的母河马相等，如古斯塔夫级别的尼罗鳄也对幼年甚至较小成年河马相当的威慑力。河马并非完全没有天敌，狮群（还有过2头雄狮）有过猎杀成年河马的纪录。

河马的习性

河马成对或结成小群活动，老年雄性常单独活动。夜行性：它们几乎整个白天都在河水中或是河流附近睡觉或休息，晚上出来吃食，有时会顺水游出30多千米觅食。主要以水生植物为食；偶食陆地作物，以草

河　马

为主，有时到田地去吃庄稼，食物短缺时，据称，河马是陆地上最大的食肉动物（杂食）。河马不仅会杀死动物，偶尔还会吃掉它们杀死的动物，甚至是吃掉同类的尸体。

河马无定居不在一个地方长期停留，每隔数日便迁到新地方去。河马最多可一天吃60千克的短草，食量极大，偶尔吃陆地作物。

与人们通常想象的不同，河马虽然总是呆在水里，但它不会游泳，只能潜水行走。它们喜欢踩在河床上，在水流中迈着“太空步”行走。实际上，水下行走要比游泳容易得多。所以，河马非常喜欢这种形式。在受惊时，河马一般都会避入水中。每天大部分时间在水中，潜伏水下时一般每3、5分钟把头露出水面呼吸一次，但可潜伏约半小时不出水面来换气。

流血的河马

河马经常会全身“流血”，却不以为然，丝毫不痛苦。其实，这并不是血液，而是河马在炎热的环境中呆久了，就会从汗腺中排出一种粉红色的油脂性的汗水，就好像红色血液一样，而这种“血汗”，可以起到很好的防晒效果和避免脏水侵染的屏障作用。

喜马拉雅山区的代表——牦牛

牦牛的毛很长，而且非常蓬松，腿比较短，但是相当强健有力，所以牦牛很适合在山区生活，可以攀登一些陡坡。牦牛主要分布在喜马拉雅山区，能够在海拔6000米以上的地方生存。这是一种生活海拔最高的哺乳动物。

尽管牦牛看似笨重，但实际上它们非常善于爬山。牦牛的分布主要在我国青藏高原海拔3000米以上地区。适应高寒生态条件，能吃苦、耐劳，善走陡坡险路、雪山沼泽，能游渡江河激流，有“高

原之舟”之称。

牦牛全身都是宝。我国藏族人民衣食住行烧耕都离不开它。人们喝牦牛奶，吃牦牛肉，烧牦牛粪。它的毛可做衣服或帐篷，皮是制革的好材料。它既可用于农耕，又可在高原作运输工具。牦牛还有识途的本领，善走险路和沼泽地，并能避开陷阱择路而行，可作旅游者的前导。

牦牛最早于2000年前被驯化，现在圈养的牦牛数量远远超过野生牦牛。作为家畜饲养的牦牛比野生的稍微小一点。

牦 牛

人气最旺的精灵——考拉

可爱的考拉

考拉又叫树袋熊，是澳大利亚奇特的珍贵原始树栖动物，它性情温顺，体态憨厚，深受人们喜爱。

树袋熊生活在澳大利亚，既是澳大利亚的国宝，又是澳大利亚奇特的珍贵原始树栖动物，属哺乳类中的有袋目考拉科。分布于澳大利亚东南部的尤加利树林区。考拉虽然又被称为“树袋熊”、“考拉熊”、“无尾熊”、“树懒熊”，但它并不是熊科动物。而且它们相差甚远，熊科属于食肉目，树袋熊却属于有袋目。

白天，树袋熊通常将身子蜷作一团栖息在上桉树，晚间才外出活动，沿着树枝爬上爬下，寻找桉叶充饥。它胃口虽大，却很挑食。700多种桉树中，只吃其中12种。它特别喜欢吃玫瑰桉树、甘露桉树和斑桉树上的叶子。一只成年树袋熊每天能吃掉1千克左右的桉树叶。桉叶汁多味香，含有桉树脑和水茴香萜，因此，树袋熊的身上总是散发着

考　拉

一种馥郁清香的桉叶香味。

在澳大利亚一些野生动物保护区里，人们常常看到小无尾树熊趴在妈妈背上那可爱的形象。有趣的是，无尾树熊胆小，一受到惊吓就连哭带叫，声音好像刚出生不久的婴儿。无尾树熊性情温驯，行动迟缓，从不对其他动物构成威胁。它的长相滑稽、娇憨，是一种惹人喜爱的观赏类型动物。

受到威胁的考拉

树袋熊在生活中有几个天敌，其中之一是澳大利亚犬，当树袋熊为了要从一棵树到另一棵而在地上行走时，不论是成年还是小树袋熊，都有可能受到澳大利亚犬的伤害；而小树袋熊有时则会受到老鹰及猫头鹰的攻击；其他像是野生的猫、狗以及狐狸，也都是树袋熊的天敌之一。但现在树袋熊受到人类道路、交通的影响，使得栖息地的减少，这也可以说是另一种形式的敌人。

最容易识别的动物——斑马

庞大的马科动物

在几百万年的进化里，马已经由森林中栖息的动物进化为在草原上疾驰的动物了。马科动物主要包括家养马、野马、驴子和斑马等。马的奔跑速度非常快，它们长长的脑袋上长有视野开阔的眼睛，可以帮助它们在进食的时候发现敌人。

马科动物基本都是群居动物，公马会保护它们的地盘、母马和小马。

有趣的斑纹

斑马可以称得上是最容易识别的动物了。只要一看到它一身特有的斑马纹，人们就知道它是什么动物。这种特性甚至渗入到了人类的生活领域，在十字路口和过街通道，人们划了和斑马纹一样的斑马线，用以提醒过往的司机——这里是行人通过的地方，请注意。更有趣的是，曾有一段时期，美国的囚犯也穿着斑马条纹的囚服，只要逃脱，别人就认得出来。

斑马身上的条纹有很多种，看上去像是装饰性的花纹，其实是为了扰乱敌人的视线以及小团体之间相互辨认。此外，条纹还可以有效地防御舌蝇的叮咬。

斑马的习性

斑马是奇蹄目马科马属4种兽类的通称。因身上有起保护作用的斑纹而得名。斑马为非洲特产。南非洲产山斑马，除腹部外，全身密布较

斑　马

宽的黑条纹，雄体喉部有垂肉。非洲东部、中部和南部产普通斑马，由腿至蹄具条纹或腿部无条纹。非洲南部奥兰治和开普敦平原地区产拟斑马，成年拟斑马身长约2.7米，鸣声似雁叫，仅头部、肩部和颈背有条纹，腿和尾白色，具深色背脊线。东非还产一种格式斑马，体格最大，耳长（约20厘米）而宽，全身条纹窄而密，因而又名细纹斑马。

斑马生活在非洲大陆，外形与一般的马和驴都没有什么两样，它们身上的条纹是为适应生存环境而衍化出来的保护色。

在所有斑马中，细斑马长得最大最美。成年细斑马的肩高140～160厘米，耳朵又圆又大，条纹细密且多。斑马常与草原上的牛羚、旋角大羚羊、瞪羚及鸵鸟等共处，以抵御天敌。人类将斑马条纹应用到到军事上是一个是很成功仿生学例子。

斑马与水

水是非洲草原上最重要的物质，它直接决定的生命的进程，水又是十分稀缺的资源。斑马在这方面有其独到之处，在缺少水的地方，斑马会自己挖井找水，而且它的方法非常高明。它们靠着天生的本能，找出干涸的河床或可能有水的地方，然后用蹄子挖土，有的时候竟然可以挖出深达1米的水井。斑马不但喝到了水，还间接造福了其他的动物。

浑身铠甲的武士——犰狳

奇特的犰狳

犰狳，又称“铠鼠”，犰狳身上的铠甲由许多小骨片组成，每个骨片上长着一层角质物质，异常坚硬。每次遇到危险，若来不及逃走或钻入洞中，犰狳便会将全身绻缩成球状，将自己保护起来。犰狳的整个身体都披着坚硬的铠甲，连大食肉兽也别想伤害它一根毫毛。

但这却不妨碍它们的正常活动甚至快速奔跑。犰狳只有肩部和臀部的骨质鳞片结成整体，如龟壳一般，不能伸缩；而胸背部的鳞片则分成瓣，由筋肉相连，伸缩自如。

犰狳是南美洲和中美洲特有的珍稀动物，它主要栖息在树林、草原和沙漠地带。动物学家根据它的鳞片环带数目多少，把这个庞大的动物家族分成几类：三绊犰狳、六绊犰狳、九绊犰狳。此外还有一种王犰狳（又称大犰狳），其身长可达90厘米，尾长50厘米，简直有半只猪那么大，属犰狳中的老大。

犰狳活像一个“古代武士”，全身披挂，坚甲护身，以达到御敌自卫的目的。因此，又有人称其为“铠甲鼠”。

犰狳主要以昆虫为食，但也吃些无脊椎动物和小型脊椎动物，或者植物。

犰狳的战斗

根据动物学家的研究，犰狳在哺乳动物中，是具备最完善的自然防御能力的动物之一。其防御手段可概括为：“一逃、二堵、三伪装”。

“逃”，即逃跑的速度相当惊人，犰狳具有令人吃惊的嗅觉和视

觉，当它意识到处境危险时，能以极快的速度把自己的身体隐藏到沙土里。别看它的腿短，掘土挖洞的本领却很强。曾有人这样描述犰狳的打洞本领：它打洞速度非常快，你骑在马上还看见它，但在下马一瞬间，它已钻到土里去了。

“堵”，就是它逃入土洞以后，用尾部盾甲紧紧堵住洞口，好似“挡箭牌”一样，使敌害无法伤害它。

“伪装”，就是全身蜷缩成球形，身体被四面八方的“铁甲”所包围，让敌害想咬它也无从下口。

为了生存，犰狳除了身上御敌的甲胄外，还有杂食、昼伏夜出和能够栖息在自然界形成的天然洞穴等有利习性。栖息处可以是茂密的灌木丛、草地、荒野，通常还有一处浅塘或泥坑用来浴身。

犰 狳

最臭的动物——美洲臭鼬

灵巧的鼬科动物

鼬科动物是一些个头很小、行动敏捷、技能高超的杀手，这一科的动物包括了獾、黄鼠狼和水獭等，是体型最小的肉食动物。它们的分布范围很广，包括河流、湖泊、海洋，除了澳大利亚和南极洲外，其余各洲都可以见到它们的身影。

鼬科动物主要也夜间出来捕食，利用它们的视觉、听觉和极为敏感的嗅觉追捕猎物。鼬科动物在肛门附近都长着可以分泌刺激气味的腺体，这些气味可以用来确定领地、互相沟通和防御敌人。

美洲臭鼬的招数

任何动物在世界上能生存下来，都有它生存下来的本领。在美洲的草原与浅山区交界地方，生存着一种臭鼬。它身体细长，四肢短小，唇上长须，尾巴粗大，长相很像哈巴狗，全身黄褐色，跑起来也不很快。

美洲臭鼬一般生活在浅山、半山区或草原地带的深处，多在夜间出来捕食鸟类、蛙类和小型哺乳动物，白天多躲在洞里睡大觉。每当它出洞觅食与大型食肉动物及猎人等遭遇时，它当即以迅雷不及掩耳之势跑起来，抢占上风头或高岗处，然后不慌不忙，傲慢地停在那里，把蓬松的长而大的尾巴高高地翘起，从肛门放出一股臭气——从它肛门附近的分泌腺下断分泌出来的臭液受到体温的温热而挥发成的气体。这种气体极其难闻，在0.5千米之内能熏倒猎人，臭跑猎犬，在200～300米距离内，任何凶猛的动物都不敢接近它。

它施放的这种臭气，如果沾到人的衣服上，很难洗掉其臭味儿。它就凭着这一本领生存并横行无阻。当然，它在觅食时是不会施放这种臭气的。

顽强而又执著的动物——疣猪

疣猪，俗称野猪，就是在动画片《狮子王》中那个叫“蓬蓬”的原型动物。

疣猪是哺乳纲、偶蹄目、猪科、疣猪属。疣猪是一种长相奇特的动物，一共分为两种：普通疣猪和荒漠疣猪，前者遍布非洲大陆，除了热带雨林和北非沙漠以外；后者分布在埃塞俄比亚和索马里的荒漠地区。疣猪得名是因为面部有4颗疣（雄性）或2颗疣（雌性）。

疣猪的特征

疣猪两眼之下的皮肤，各长出一对大疣，因此得名。雄疣猪在吻部长出另一对较小的疣，位于獠牙之上。它挖土取食时，这些疣可能有助于保护眼睛，还可使头部看起来更大，因而成年疣猪的面貌更为狰狞。

雄疣猪的上獠牙很大，有几十厘米长，而且向上及向外急弯。短而尖的下獠牙可当刀用。疣猪有的独居，有的雌雄成双，也有的合家同住。它们所占的地盘界限分明，晚上住在地洞里。这些地洞通常是占据其他动物的洞穴加以扩大而成。疣猪日间觅食，吃青草、苔草及块茎植物。它们喜欢在泥泞中打滚沐浴，有时还四脚朝天仰卧。

疣猪的习性

弱小的疣猪看似饱受食肉猛兽的欺凌，其实它们的獠牙是一件犀利的武器，不够经验的豹和猎豹等随时会被刺伤甚至刺死，但当面对狮子时便往往没有反抗余地。幸运是狮子平时似乎不大喜欢吃它们，只有当食物短缺时，狮子才会勉强捕杀疣猪充饥。

疣猪的嗅觉和听觉非常灵敏，听到一点声响就会四处逃窜。虽然它们的视力不好，但是奔跑起来也是很快的。喜欢四处闯荡的疣猪整天居无定所，只有到了寒冷的冬天或是繁殖后代的时候，它们才会筑起巢穴。

永不停息的奔跑者——非洲大羚羊

大羚羊的种类

与人们一般认识的不同，非洲大羚羊是一种牛科动物。它是目：偶蹄目，科：牛科，属：大羚羊属。

生活在中非和南非的大角斑羚，是所有羚羊中的最大种类。因为它的个子巨大，上角有点旋转，所以又称大羚羊或非洲旋角大羚羊。这种大羚羊的肩高一般在172～178厘米之间，大的可达182厘米；身体的长度在2.80～3.30米之间；体重一般在600千克，最大的几乎要达到1吨左右。真的比水牛还要高大和粗壮。蹄毛棕色或灰黄色，肩背部略有细白纹。雌雄的大羚羊都有角，但雌的角较细较长，最长的能达到1米以上；雄的

非洲羚羊

角一般不超过90厘米。

大羚羊主要生活在疏林的草原地区，常常以小群同栖，年长的雄大羚羊为王，率领若干只成年羚羊和幼年羚羊一起觅食和活动。

该属的动物是体型最大的也是最像牛的羚羊，共有两种：普通大羚羊产在非洲中部和南部；德氏大羚羊产在中非。德氏大羚羊体型更加高大粗壮，角长纪录为1.2米。它们体长1.8～3.4米，尾长0.3～0.6米，肩高1～1.8米。体重约900千克，雌雄均有角。

大羚羊的习性

大羚羊喜欢栖息在开阔的草原或有灌丛和稀疏树林的地区。成群数只至100多只一起活动，雄性有独栖。它们白天炎热时休息，清晨和傍晚活动吃食，吃树叶、灌木、多汁的果子及草。它们进行长距离的周期性迁移。在有水源处它们常饮水，但缺水时也可长期不饮水，而从树叶、根茎等食物中获得足量的水分。

大羚羊躯体粗壮，但仍善跳跃，能轻松地跃过1.5米高的围栏。它们虽然感觉敏锐，警惕性高，但行动缓慢，易被追上。

大羚羊似乎无固定的繁殖季节，不过仔兽多在10、11月间出生，孕期250～270天。雄性四岁、雌性三岁性成熟，寿命15～20年。

它们胆小怯懦，易于驯顺，非洲许多地方试图驯养它们。大羚羊因头部具美丽的花纹和剑状的长角而被人们大量猎取作为装饰品，其皮厚而坚韧可制革，肉也是鲜美可口。

浑身是刺的“刺儿头”——刺猬

刺猬是一种非常不好招惹的动物，它虽然没有强大的外表和迅猛的速度，不过它那一身的刺却令所有动物头疼，如果一不小心被它扎到，就很不愉快了。

刺猬是食虫动物的典型代表。

何谓食虫动物

食虫动物是哺乳动物中的第三大类，它们身上还保留着一些原始的特征，大部分喜欢在夜间出来成群的活动。世界上共有食虫动物400种。食虫动物普遍外形弱小，为了保护自己，它们各自开发出了绝技。比如，刺猬的身上长有具有保护作用的长刺，而鼹鼠等动物则能从皮肤中散发出一股难闻的气味。

食虫动物主要包括刺猬、鼹鼠、穿山甲等动物，它们普遍口鼻很长，嗅觉比较灵敏，可以有效的寻找猎物。食虫动物主要捕食昆虫、蠕虫和其他小动物。

有些食虫动物在地面上活动，而有些动物，例如鼹鼠，则生活在地下的洞穴里。还有一些食虫动物，如马达加斯加的獭鼩，大部分时间是在水中度过的。

刺猬的种类

刺猬，是食虫目，猬科，刺猬亚科的通称，又名刺球。体背和体侧满布棘刺，头、尾和腹面被毛；吻尖而长，尾短；前后足均具5趾，跖行，少数种类前足4趾；齿36～44枚，均具尖锐齿尖，适于食虫；受惊时，全身棘刺竖立，卷成如刺球状，头和4足均不可见。

刺　猬

刺猬广泛分布于亚洲、欧洲、非洲的森林、草原和荒漠地带。中国有2属4种。普通刺猬栖息在山地、森林、草原、农田、灌丛等，昼伏夜出。

因为它们不能稳定地调节自己的体温，使其保持在同一水平，所以，刺猬在冬天时有冬眠现象。

刺猬的习性

刺猬除肚子外全身长有硬刺，当它遇到危险时会卷成一团变成有刺的球，它的形态和温顺的性格非常可爱，有些品种只比手掌略大，因而在澳大利亚有人将它当宠物来养。

刺猬有非常长的鼻子，它的触觉与嗅觉很发达。它最喜爱的食物是蚂蚁与白蚁，当它嗅到地下的食物时，它会用爪挖出洞口，然后将它的长而黏的舌头伸进洞内一转，即获得丰盛的一餐。

刺猬住在灌木丛内，会游泳，怕热。刺猬在秋末开始冬眠，直到第二年春季，气温会暖到一定程度才醒来。刺猬喜欢打呼噜，和人相似。

刺猬因其捕食大量有害昆虫而为益兽。

刺猬的刺也有不灵的时候

虽然刺猬的刺对敌人很有威慑力，也也不是万能的。一旦遇到狡猾的狐狸或黄鼠狼，“刺球”就失灵了。狐狸能够用它细长的嘴插入刺猬的腹部，然后挑起这个“刺球”抛向空中。经过反复的摔打，刺猬便失去了抵御的能力，很容易被狐狸吃掉。而黄鼠狼则凭借放臭气的手段，只要在刺猬的腹部找到一点空隙，就把臭液释放进去，刺猬立刻就会被麻醉，身体舒展开来，成为别人的美餐。

刺猬和豪猪

人们常常会把刺猬和豪猪搞混，甚至以为是同一种动物的不同叫法，这是错误的。刺猬和豪猪虽然身上都有刺，但是它们完全不是一回事情。甚至都不是同一目同一科的动物。刺猬属于食虫目、猬科，而豪猪属于啮齿目、豪猪科，并且豪猪的体型要比刺猬大得多。

地洞专家——穿山甲

穿山甲集中分布于亚洲南部和非洲大陆，在我国长江以南地区也有分布。它们是挖洞的专家，使用前肢掏洞，后肢刨土，挖洞的速度是其他动物所不能比拟的。

穿山甲头部和尾巴都尖长，整个身体呈流线型，体形上很像爬行动物。它的眼睛、鼻子和耳朵都很小，最大的特征是全身覆盖着一层厚厚的鳞片状硬甲，硬甲中间有一些稀毛。一旦遇到攻击，穿山甲就会缩成一团，这个时候盔甲就成了它的救命稻草，保护它的身体。有的时候，穿山甲也会挥动它长有硬甲的尾巴与敌人搏斗。

蚂蚁是穿山甲的主要食物，它偶尔也会吃一些昆虫。它的嗅觉非常灵敏，能够嗅到蚂蚁巢穴的味道，并且准确判断洞穴的位置。

穿山甲吃蚂蚁的方式很有意思，它的嘴又细又长，就像一根笔管，而它的舌头伸出来更是惊人，可以达到身体的一半长。这样，它可以把舌头伸进蚁穴，上面分泌出的黏液就可以将蚂蚁黏进肚子里。它们主要吃白蚁，有时候也吃黑蚁和其他小虫。

穿山甲白天喜欢在洞穴里睡大觉，当夜晚来临的时候再出来活动。它们和其他贫齿类动物不同，不但会爬行，而且还会游泳和爬树。

穿山甲对减少蚁害有很大作用，穿山甲的食量很大，一只成年穿山甲的胃，最多可以容纳500克白蚁。据科学家观察，在250亩林地中，只要有一只成年穿山甲，白蚁就不会对森林造成危害，可见穿山甲在保护森林、堤坝，维护生态平衡、人类健康等方面都有很大的作用。此外，穿山甲的鳞片也是很好的中药材。

穿山甲的我国二级保护动物，它现在也处于逐渐濒危状态，需要我们加以保护。

雷达的鼻祖——蝙蝠

蝙蝠是唯一有飞行能力的哺乳动物，它常常会被误认为是鸟类，但是它确实不是鸟。它相貌丑陋，喜欢栖息于孤立的地方，如山洞、缝隙、地洞或建筑物内。

蝙蝠的前肢、后肢与躯干由皮膜连接，构成它们的飞行翅膀。与鸟类不同的是，蝙蝠的翅膀没有羽毛。蝙蝠的后肢又短又小，几乎没有肌肉，不能站立。因此，倘若它落在地面上，它们就只能缓慢的爬行了。在这种情况下，它们常常会被敌人捕获。因此，蝙蝠休息的时候总是将身体倒挂在一些物体，如树枝上，这样可以借助下落时产生的势能迅速起飞。

蝙蝠的回声定位系统

多数蝙蝠在不同程度上都有回声定位系统，因此又有“活雷达”之称。借助这一系统，它们能够在完全黑暗的环境中飞行和捕捉食物。

工作原理是这样的：蝙蝠头部的口鼻上长着被称作“鼻状叶”的结构，在其周围还有很复杂的特殊皮肤皱褶，这是一种奇妙的超声波装置，能够连续不断地发出高频率的超声波。如果碰到障碍物或飞舞的昆虫，这些超声波就会反射回来，然后被它们超凡的大耳廓接收，使反馈的信息进入它们微细的大脑。这些超声波探测的灵敏度和分辨率极高，因此是蝙蝠最重要的感知工具。

蝙　蝠

蝙　蝠

雷达的出现

早在第二次世界大战前，英国人就根据蝙蝠的回声定位系统，研制出了雷达。这一成果被广泛应用于战争，对战争的结局产生了极其重要的影响。时至今日，雷达仍然是不可缺少的现代战争装备。即使是所谓的隐形飞机的面世，其工作原理也是尽量减少雷达波的反射，雷达仍然没有过时。因此，蝙蝠从这个意义上说，改变了人类历史。

北极动物——北极熊、北极狼、北极狐、北极兔

北极熊

北极熊是哺乳动物，但是它也一种无法离开海洋的动物，它是熊科半水栖动物。它在陆地上繁育，在北极的冰面上捕捉海豹，运气好的时候，甚至连白鲸在浮出水面换气时，也会成为它的猎物，北极熊毫无疑问是北极地区的统治者。

北极熊的头部较小，耳朵小而圆，颈部细长，足部宽大，北极熊只在荒凉的北极地区生活，它的行动极其迅捷，活动范围很大，常见于陆地和浮冰几十千米以外的水中。

北极地区的冬季温度可达-50℃，即使是夏季，也在0℃以下，在这样寒冷的气候里，要想生存下去是很艰难的。不过，这难不倒北极熊。北极熊的肢体和足掌布满了毛发，这些毛除了有利于保暖之外，还有利于它在光滑的冰面上行走。即使是耳朵上，也覆盖着白色的绒毛，防止

热量散发。同时，这些白色的毛可以使它和茫茫的冰雪融为一体，更好的隐蔽自己。它不仅有长而且密的皮毛，而且在皮下还有厚厚的脂肪，可以有效的抵御严寒。

北极熊

北极熊的食物主要是海豹。而且，它的捕猎方法非常有智慧。当它发现海豹在浮冰上睡觉，它就悄悄地从水中靠近猎物，然后从水中伸出熊掌来朝海豹猛力一击，便将海豹的头盖骨击碎，然后就可以饱餐一顿了。有的时候，北极熊为了捕食海豹，经常会在一个冰洞前呆上好几个小时。它用后腿站起来，差不多有大象那么高，它们的力量极大，对付100多千克的海豹来非常轻松。北极熊也能吃些植物，它的食物偶尔也包括驯鹿和海藻。

北极狼

北极狼生活在北极地区，它们的皮毛雪白，与北极冰天雪地的环境达到了完美的融合。与北极熊不同，它们过着群居的生活，通常20或30只狼构成一个群落，由一只雄性和雌性共同领导。它们的重要猎物是更大的食草动物，如驯鹿。

一只北极狼一天能够吞食10千克的肉，在没有食物的情况下，它们也食用腐肉。

北极狼的家庭观念很强，严格实行一夫一妻制度。

北极狐

北极狐的身材比较小，长着厚厚的皮毛，爪子下面也有保暖的毛，所以能够抵御北极的寒冷。它们并不总是白色，在夏季的时候为棕色，到了秋季才变成白色。

北极狐的适应性很强，可以毫不费力地改变自己的饮食习惯。它们通常以小型的啮齿类动物为食，也吃鱼类和海滩上的动物尸体。在冬天食物短缺的时候，它们会跟在北极熊后面吃点剩肉。有时候，在食物严重短缺的时候，也会发生同类相残的情况。

北极兔

北极兔是一种适应了北极和山地环境的兔子，曾被视为雪兔的亚种。主要分布于加拿大北部和格陵兰的冰原上。

北极兔的形体较家兔要大，耳朵和后肢都比较小，身体肥胖，无尾。北极兔有一身蓬松的绒毛可减少热能的流失以适应北极的环境。

北部地区的北极兔毛色终年为白色；南部地区的北极兔平时为灰褐色，尾为白色，到冬天时毛色变为白色。北极兔一般体长为55～71厘米，体重为4～5.5千克。

北极兔是食草动物。北极兔的繁殖能力并不强，但幼兔存活率高。北极兔每年只能产一窝，每窝只有2到5只小兔。幼兔刚产下来就能看东西。

可爱的小精灵——猴子

猴子是机灵和可爱的象征。我国历史上最著名的猴子当属《西游记》中的孙悟空了，孙悟空就是一只猴子，它保护唐三藏西天取经，最终修炼成佛。可见，在中国人心目中，猴子的地位是很高的。

猴属于灵长目类人猿亚目，比原猴动物要高级。它们体型中等，四肢等长或后肢稍长，尾巴或长或短，以树栖或陆栖为主，这是猴类的共同特征。

猴子的大脑发达，手趾可以分开，有助于攀爬树枝和拿取东西。在

漫长的进化过程中，猴子一直没有停止前进的脚步，它也成为和人类亲缘关系最近的一类动物。

猴子的种类非常多，有大鼻子的长鼻猴，有南美洲的松鼠猴，有产于我国的长尾叶猴，有声音洪亮的喉猴，有我国珍稀的川金丝猴和滇金丝猴，还有孙悟空的原型——猕猴等。

不同物种的猴子会吃不同的食物，但主要是水果、植物的叶子、种子、坚果、花、昆虫、蜘蛛，动物的蛋和小动物。虽然多数猴子是素食者，而像毛臀叶猴则主要吃叶子和其他植物部分，但也喜欢吃水果、花、种子和昆虫。

捕蛇能手——獴

在自然界中，蛇是一种很多动物都惧怕的动物，尤其是毒蛇。即使是兽中之王的狮子和老虎，也都惧怕它们。曾经有纪录片显示，狮子对决眼镜蛇，尽管狮子咬死了眼镜蛇，但是还是被蛇咬了一口，很快的，狮子就意识模糊，中毒而死。

但蛇也不是没有天敌，在哺乳动物中，獴就是一种对蛇构成极大威胁的动物。

獴是灵猫科獴属的通称，是一些长身、长尾而四肢短的动物，它们以吃蛇为主，也猎食蛙、鱼、鸟、鼠、蟹、蜥蜴、昆虫及其他小哺乳动物。獴是蛇的天敌，它们不仅

獴

有与蛇搏斗的本领，而且自身也具有对毒液的抵抗力。

有人做过试验：把蛇獴和眼镜蛇放在一起，开始时蛇獴全身的毛竖起来，眼镜蛇盯着蛇獴不敢乱动。蛇獴见蛇伏着不动，便向前去逗弄它。眼镜蛇发怒了，前半身竖起来，颈部膨大，发出“呼呼”的声音，一次一次地把头伸向蛇獴，想把蛇獴咬住。蛇獴很灵活，躲得很快，眼镜蛇总是咬不着它。等到眼镜蛇筋疲力尽，蛇獴才摸到它的身后，出其不意地一口咬住它的脖子，把它咬死，吃了它的肉。

蛇獴活在世界上，好像专门和毒蛇做对头，有时蛇獴吃饱了，胃里放不下了，但是遇到毒蛇还是要把它咬死，好像猫见了老鼠那样毫不留情。

獴在世界上共有25种，分布于非洲、亚洲大陆的热带和温带地区，非洲集中了半数以上的獴类。獴还特别喜欢吃鸟蛋，它们偷吃鸟蛋的过程十分有趣。獴先用两只前爪抱住鸟蛋，然后跳起来，把鸟蛋从胯下投掷到后面的石头上，鸟蛋摔碎以后，它们就可以慢慢的享用美味了。

生活在海洋里的海兽——海象、海狮、海豹、海牛

在茫茫的大海里，生活着一群名字与陆地动物相似，但却完全没有关系的哺乳动物。它们就是海象、海狮、海豹和海牛。顾名思义，它们都有与所对应动物的相似特征，如海象也长有长牙，海狮的脸很像狮子，等等，这些海中动物也是用肺来呼吸的，它们也是胎生，哺育乳汁，它们是不折不扣的哺乳动物。

和大象完全没有关系的海象

海象，顾名思义，即海中的大象，它的最大特征是像大象一样，长着两枚长长的牙，伸出体外。在高纬度的海洋里，除了鲸之外，海象算是最大的哺乳动物了。

它身体庞大，皮厚而多皱，有稀疏的刚毛，眼小，视力欠佳，体长3～4米，重达1300千克左右，与陆地上肥头大耳、长长的鼻子、四肢粗壮的大象不同的是，它的四肢因适应水中生活已退化成鳍状，不能像大象那样步行于陆上，仅靠后鳍脚朝前弯曲，以及獠牙刺入冰中的共同作用，才能在冰上匍匐前进。

长得像狮子的海狮

海狮因它的面部长得像狮子而得名。海狮生活在海里，以鱼、蚌、乌贼、海蜇等为食，也常吞食小石子。海狮没有固定的栖息地，每天都要为寻找食物的来源而到处漂游。等到了繁殖季节，它们才选择一块儿固定的地方开始一场争夺配偶的激烈斗争。最后，胜利的雄性会占有许多雌性。雌性怀孕达一年之久，每胎产一仔。在动物园和水族馆里，海狮是频受欢迎的角色。它聪明、伶俐。经过训练，它可以学会不少高超的技艺，如顶球、投篮、钻圈、用后肢站起来、用前肢站起来倒立走路，甚至跳跃距水面1.5米高的绳索。海狮的胡子比耳朵还灵，能辨别几

海　象

十千米外的声音。

非常容易搞混的海豹

海豹的特点是体型和质量都较小。体粗圆呈纺锤形，体重20～30千克，但是，最大的海豹体重也达4000千克。

海狮、海象、海豹都是近亲。此外，还有一种海兽叫海狗，它与海狮亲缘关系很近，都属于海狮大家族。这几种海兽由于受到环境污染和人类捕杀，都已经处于灭绝的危险当中。

海中“美人鱼”海牛

海牛与陆生牛一样都是哺乳动物。据考证，海牛原是陆地上的“居民”，但与陆生牛不是同一“老祖宗”，乃是大象的远亲。近亿年前，由于大自然的变迁或缺乏御敌能力而被迫下海谋生。由于长期适应水中环境，其相貌与体型与大象已无相同之处。但在某些方面仍有共同点：身躯庞大，海牛的肤色、皮厚（3～4厘米）似大象，且均为草食动物。

海牛的模样有“美人鱼”之说。其实，它的“面相”实在令人不敢恭维。正如航海家哥伦布在1493年的航海日记中写到：“美人鱼”不像寓言中描写的那么惹人喜爱。它有两只深陷的小眼，没有耳轮，偌大的鼻子连着上唇，隆然鼓起，两只可以闭合的鼻孔位于顶端；下唇内敛，嘴边生着稀疏的短髭。前身两侧各有手臂似的前肢一条，顶端外侧尚有指甲，与大象相似，但也无任何用处。后肢退化，肥大的身躯向后渐渐收小，末端有一似鱼尾鳍的扁平尾巴。

海牛看似笨拙，实际上很灵活，在水中每小时游速可达25千米。这与陆生草食动物自卫能力差，却善于奔跑属于同样原因。海牛的前肢是运动器官，也能与躯体形成一定角度，托浮幼仔吮乳。雌海牛前肢基部腹侧有一对乳房，位置与人相似。

我国古代在近海也有“美人鱼”的记载和传说，虽然我国不出产海牛，但出产海牛的堂兄弟——儒艮。它外形与海牛大致相似，大小也差不多，同属海牛目。与海牛的区别，主要是尾巴。海牛尾巴是圆的，形

如圆盘，而儒艮的尾巴呈叉形，中间凹。此外，儒艮纯为海栖，不入江河。如果把儒艮也称为海牛，那世界上应该有4种海牛。

儒艮的习性特点与海牛基本一样。我国俗称它为“人鱼”。在哺乳期，儒艮会带着幼儒艮在浅海游弋，这时的成年儒艮乳头肿大，古代水手在光线不好的时候看到它，误认为是女人，因此便有了“美人鱼”的称呼。

国外也有儒艮，主要分布在非洲东岸、亚洲东南部至澳大利亚北部沿海。因过多捕杀和水质污染，20年前就消失了。然而，1992年通过空中摄影，在澳大利亚大堡礁水域又重新发现儒艮群，数量达数千头，科学家惊喜不已，并提出采应取措施保护这一海洋生物。

儒艮在我国主要分布在广东、广西和台湾沿海。由于历史上儒艮屡遭到大规模捕杀，现在所剩无几。1973年我国也曾把它列为国家重点保护动物。现在仅见于北部湾部分海区。

人类的好朋友和肉类资源—狗、猫、猪、牛、羊、马

驯养动物都有哪些

前面提到的所有动物，都是野生动物，这些野生动物即使为人类所用，也都是通过滥捕滥杀造成的，是对自然的破坏。但是，人类还拥有数以亿计的哺乳动物，可以随时加以繁衍和利用，并且不受到任何限制，这就是家畜。

猫

家畜一般是指由人类饲养驯化，且可以人为控制其繁殖的动物，如猪、

牛、羊、马、骆驼、家兔、猫、狗等，一般用于食用、劳役、毛皮、宠物、实验等功能。

一般较常见家畜饲养方式为舍饲、圈饲、系养、放牧等。

人类饲养家畜的历史

人类最早饲养家畜最早起源于10000多年前，代表了人类走向文明的重要发展之一，家畜尤其对于提供了较稳定的食物来源作出重大贡献。

中国人古代所称的“六畜”是指马、牛、羊、鸡、狗、猪，亦即中国古代最常见的六种家畜。在这“六畜”中，只有鸡不属于哺乳动物，可见这些哺乳动物对人类的价值。

家畜一般是指由人类饲养使之繁殖而利用，有利于农业生产的畜类。广义说，也包含观赏动物。

狗是最古老的驯养动物，从旧石器时代起就已经有了。及至新石器时代，则有其他家畜饲养。这从居住湖滨的民族遗迹中的遗骨可以看

牛

出，有所谓“泥炭牛”、“泥炭羊”等。以后到了青铜时代似乎马也成了家畜。

猪

在动物的演化史上，猫是最先演化成现在形式的动物之一。猫最早出现在大约700万年以前，自此以后，猫的改变就很小。猫擅长捕捉老鼠，为人类保护粮食，所以，早在3500年前，古埃及人就把猫视作为神圣的动物，甚至将猫制成木乃伊随葬墓内。现代的家猫是由野猫驯化而来的，欧洲家猫起源于非洲的山猫，亚洲家猫一般认为起源于印度的沙漠猫。

游牧业和大牧场

游牧业是指靠放牧牲畜为生的一种自给性农业。这种生产方式适于难以进行定居农业的干旱气候地区。现在从事游牧的人数在世界上并不多，主要分布于北非、中东、中亚等地。如：沙特阿拉伯的贝都印人，东非的马赛人都是世界著名的以游牧为生的民族。

游牧业的牧民们根据多年对当地的地理条件、牧草生长情况等因素的变化，依经验而迁移。这样每个游牧部落或民族都有其放牧的一定范围。

由于各地气候与植被条件不同，所放牧的牲畜也有所不同。在北非和中东，骆驼为其最重要的牲畜，其次是绵羊和山羊；在中亚以马为主；东非以牛为主。在放牧的牲畜中，北极地区的牧民们放牧的则是驯鹿。

在美国、澳大利亚、新西兰、阿根廷、南非等国家和地区，有大面积的干旱和半干旱气候区。那里，植被稀疏，只能用于放牧牲畜，适于经营大牧场。虽然这里放牧着大批的牲畜，可是它却与传统的游牧业有很大不同。大牧场上的牲畜不是牧民的私有财产，而是牧主为出售而经营的一种商品。放牧人不拖家带眷，而是受雇于牧主的个体劳动者，一般称为牛仔或牧童。

阿根廷潘帕斯草原植被非常优越，加上距海港近，成为世界上著名的大牧场，是世界牛肉的主要生产地。在美国大牧场上放牧的牲畜也主要是牛；在澳大利亚、新西兰、南非的大牧场上，养羊占重要地位，羊毛的产量超过世界羊毛产量的一半以上。

我国的四大牧场

我国有四大牧场，分别是内蒙古、新疆、西藏、青海牧场。

其中内蒙古自治区是我国最大的牧区。它东起大兴安岭，西至额济纳戈壁，面积88万多平方千米，草原面积13.2亿亩，约占全国草场面积的1/4，全区生长着各种牧草近千种。大小牲畜4000万头，居全国首位，牛羊肉产量居全国第二，牛奶产量为全国第四，绵羊毛、山羊毛及驼毛产量居全国第一。

羊

人人喊打——老鼠

可恶的老鼠

在所有的哺乳动物里，能够让人们痛恨异常，必欲除之而后快的动物可能只有老鼠了。家鼠属啮齿目，鼠科。又分为大家鼠属和小家鼠属。家鼠在哺乳动物中身形较小。

大家鼠属种类体长8～30厘米；尾通常略长于体长，其上覆以稀疏毛，鳞环可见；体毛柔软，个别种类毛较硬；背部为黑灰色、灰色、暗褐色、灰黄色或红褐色；腹部一般为灰色、灰白色或硫黄色；后足相对较长，善游泳的种类趾间有蛾形蹼。

小家鼠属种类的体型较小，一般为6～9.5厘米；上门齿内侧有一极明显的同形缺口。大家鼠属约有100种，大多分布在亚洲东部和非洲的亚热带、热带，中国有16种。小家鼠属全世界约有36种，中国有2～3种。

老鼠为什么那么顽强

老鼠的体型有大有小。种类多，有450多种。数量繁多并且繁殖速度很快，生命力很强，几乎什么都吃，在什么地方都能住。会打洞、上树，会爬山、涉水，而且糟蹋粮食、传播疾病，对人类危害极大，所以一直受到人类打击，但它是一个打而不死，击而不破的动物家族，所以“鼠”字头顶着一个“臼”，意为“能耐受捣击”。鼠之所以被尊称为“老”，是因为它像退休养老的人一样，成天吃吃喝喝，不用劳动。

家鼠具有很强的适应性，栖息于各种环境之中。在住房、仓库、船车等能隐蔽的地方均可生存下去。它们习惯夜间活动，以动、植物为食，几乎全年均可繁殖。大家鼠属各种的妊娠期约21～30天，年产3～10

胎，每胎产2～16仔。小家鼠属各种的妊娠期18～21天，年产5胎，每胎产3～16仔。

家鼠是世界性的害鼠，不仅盗食粮食，还咬坏家具、用品，甚至咬坏电线造成火灾和停电。褐家鼠常咬死家禽和家畜的幼仔，咬伤咬死婴儿。家鼠是兔热病、鼠疫、斑疹、伤寒、狂犬病等病原体的携带者。褐家鼠和小家鼠的白色变种为实验动物。

老 鼠

哺乳动物里的为什么

哺乳动物不仅美丽可爱，而且也有很多谜团，等待我们去破解。了解了这些现象的背后故事，不但有利于我们更好的认识这种动物，还可以促进我们人类科技和生活的发展和改善。

骆驼为什么如此耐旱

耐旱的骆驼

骆驼被称作是“沙漠之舟”。在沙漠这样一个极度干旱缺水的地区，很少有动物能够生存下来，即使是像老鼠这样一种生存能力极强的动物也很少。然而，像骆驼这样的庞然大物，却能够在岁月的长河中幸存下来，而且生活得很好，这是为什么呢？

奥妙就在于骆驼背上的驼峰，这也是骆驼最为显著的特征。骆驼有的是单峰，有的是双峰。骆驼能在沙漠中行走，在沙漠中生活，主要靠它很强的耐旱能力和储水能力。骆驼一旦喝足了水以后，可以几天甚至一星期不喝水。

其中的奥妙

研究发现，驼峰中贮存的是沉积脂肪，不是一个水袋。而脂肪被

骆　驼

氧化后产生的代谢水可供骆驼生命活动的需要。因此有人认为，驼峰实际存贮的是“固态水”。经测定，1克脂肪氧化后产生1.1克的代谢水，一个45千克的驼峰就相当于50千克的代谢水。但事实上脂肪的代谢不能缺少氧气的参与，而在摄入氧气的呼吸过程中，肺部失水与脂肪代谢水不相上下。因此，骆峰根本就起不到固态水贮存器的作用，而只是一个巨大的能量贮存库，它为骆驼在沙漠中长途跋涉提供了能量消耗的物质保障。

趣味链接

虽然今天单峰骆驼仍约有1300万存活，但是野生物种已经濒于灭绝。用于家畜的单峰驼主要见于苏丹，索马里，印度及附近国家，南非，纳米比亚和博茨瓦纳。

双峰驼曾经分布广泛，但是现在只剩余约1400万，主要为家畜。现在估计约有1000只野生双峰驼生活在戈壁滩，以及少量生活在伊朗，阿富汗，哈萨克斯坦。

骆驼体内有“水囊”，即骆驼瘤胃被肌肉块分割成的若干个盲囊。有人认为骆驼一次性饮水后胃中贮存了许多水才不会感到口渴。而实际上那些水囊，只能保存5～6升水，而且其中混杂着发酵饲料，呈一种黏稠的绿色汁液。这些绿汁中含盐分的浓度和血液大致相同，骆驼很难利用其胃里的水。而且水囊并不能有效地与瘤胃中的其他部分分开，也因为太小不能构成有效的贮水器。从解剖观察，除了驼峰和胃以外，再没有可供贮水的专门器官。因此可断定，骆驼没有贮水器。

能量贮藏器

一只骆驼，如果不给它喝水，在沙漠中行走8天，体重会减少100千克，这大约相当于这只骆驼体重的22%。处于脱水状态的骆驼，肌肉会起褶皱，全身消瘦。但是尽管失水，它的血量却没有变化，这一点非常重要。也就是说，它失去的水不是来自血液，而是来自储水的组织和器官中的液体。当骆驼一旦有水喝，身体很快就会恢复原状。一头骆驼在20分钟内，能喝入100升以上的水。

海豚为什么那么聪明

可爱的海豚

海豚可以称得上是对人类最友好的动物了。在海洋馆里，我们可以看到它们听从指令，跃出水面去顶上方2、3米的球，还可以载着人在水面飞驰，甚至可以进行简单的算术。

古希腊曾经流传着海豚搭救溺水者的故事：有一次希腊著名的抒情诗人和音乐家阿莱昂参加由一位意大利富商举办的音乐大赛，结果赢得了巨额奖金。他携带这笔财富乘船返回希腊，不料途中却引起船员们的眼红，欲将他杀害。他临死之前要求再能演奏一曲，美妙的音乐引来了一大群海豚，阿莱昂纵身跳入海中，海豚将他负在身上，游至安全的地方，阿莱昂因此脱险。

海豚救人

海豚是一种高智商的动物，它的救人“壮举”是一种自觉的行为。因为在大多数情况下，海豚都是将人推向岸边，而没有推向大海。研究海洋哺乳动物14年的英格里德维塞尔表示，当海豚可能感觉到人类处于危险之中时，就会马上行动起来保护他们。海豚有时甚至为了保护自己和幼仔不惜与鲨鱼“搏斗”。

海豚十分聪明伶俐，因为它有一个发达的大脑，而且沟回很多，沟回越多，智力便越发达。一头成年海豚的脑均重为1.6千克，人的脑均重约为1.5千克，而猩猩的脑均重尚不足0.25千克。从绝对质量看，海豚为第一位，但从脑重与体重之比看，人脑占体重的2.1%，海豚占1.17%，猩猩只占0.7%。

趣味链接

海豚的大脑由完全隔开的两部分组成，当其中一部分工作时，另一部分充分休息，因此，海豚可终生不眠。

海豚是靠回声定位来判断目标的远近、方向、位置、形状、甚至物体的性质。有人做试验，把海豚的眼睛蒙上，把水搅浑，它们也能迅速、准确地追到扔给它的食物。

海豚不但有惊人的听觉，还有高超的游泳和异乎寻常的潜水本领。据有人测验，海豚的潜水记录是300米深，而人不穿潜水衣，只能下潜20米。

至于它的游泳速度，更是人类比不上的。海豚的速度可达每小时40海里，相当于鱼雷快艇的中等速度。因为它的身体呈流线型，皮肤具有良好的弹性。

长颈鹿如何能够保证血液的顺利流通

长颈鹿

长颈鹿属偶蹄目、长颈鹿科、长颈鹿属。它们有着长长的脖子，长长的腿，最高的雄长颈鹿身高可达6米，因此是陆地上最高的动物。我们不禁担心，当长颈鹿伸直脖子去够高树的叶子时，它的血液如何能够达到脑部；而如果它低下头颅去吃下面的树叶，它又如何能够不使血液聚集，导致头晕呢？

原来，长颈鹿并不是通过虹吸的方式向脑部供应血液的，而是通过心脏泵血和高于人类两倍多的血压来向脑部供血。

长颈鹿的心脏很大，大约12千克重，每次都能泵

出大量的新鲜血液供给大脑。当长颈鹿站立着的时候，它脑部的血压能够达到200毫米汞柱。

而当它低下头的时候，静脉周围肌肉就会对静脉产生挤压作用，让血液迅速回到心脏，此时长颈鹿的脑部血压反而降低为175毫米汞柱。

这就是长颈鹿不会头晕的秘密，我们也不必担心长颈鹿会得高血压。

不过，即使长颈鹿在低头的时候不用担心自己的血压，但也是一件很危险的事情。因为它的个子太高了，每次饮水时，它们都必须把前面的两条腿尽量叉开，或者干脆跪在地上，这样就十分吃力。所以每一次的饮水过程它们都要起身4～6次来休息，同时还要观察四周是否有敌人逼近，因为狮子常常会在这个时候进行突然袭击。因此，群居在水边的长颈鹿通常不会同时喝水，这样，就有了伙伴的及时报警。

长颈鹿

为什么河狸会筑坝

河狸是中国啮齿动物中最大的一种。它是半水栖生活，体型肥壮，头短而钝、眼睛很小、耳小及颈短。

河狸是过着水陆两栖生活的哺乳动物，它的后脚有蹼，尾部扁平而宽阔，能够在水里自由游泳。

河狸有一个独特的本领，能够在河边用树枝、石子和淤泥修一个堤坝，然后在堤内造巢。修坝时，河狸用锐利的门牙将树根咬断，事先选择好方向，让树枝倒向河里，然后利用水流把树枝运到围堤地方，把粗树枝垂直地插进土里，当作木桩，再用细的树枝、石子、淤泥堆成堤坝，最长的堤坝有180米长、6米宽、3米高。堤坝把河水堵住，使坝内变成浅滩，然后在沿岸的地方筑巢。

有的时候，为了将岸上筑坝用的建筑材料搬运至截流坝里，河狸不惜开挖长达百米的运河。河狸在陆地上行动缓慢而笨拙，不远离水边活动。其自卫能力很弱，胆小，喜欢安静的环境，一遇惊吓和危险即跳入水中，并用尾有力地拍打水面，以警告同类。

河狸的巢设计得很巧妙，有两个出口，一个通地面，另一个由一条隧道通水下，以便自己在水下或陆上都能自由自在地生活，还可躲避陆地上食肉兽类的袭击。

河狸堪称哺乳动物里的“建筑师”。

鲸为什么总喜欢喷水柱

我们经常看到鲸在浮出水面的时候，会喷出美丽的水柱，有的时候在阳光的折射下，更显露出五彩斑斓的景色，令人赞叹。

那么，鲸喷水柱是不是仅仅是玩乐取闹呢？不是的。

鲸是哺乳动物，也是靠肺呼吸的，鲸没有鼻壳，鼻孔直接长在头顶上，这是长期进化的结果。

鲸在水面以下活动一定时间后，需要浮到水面呼吸，由于鲸的呼吸通道口在其头部上侧，所以它呼吸时的大量气流，会将其头部覆盖的水

鲸 鱼

分带起，成为水气柱。而且，在寒冷地区，呼出气体中的水分遇冷就会形成水蒸气，就像我们冬天的呼吸一样，这样，水柱就生成了。

每当鲸鱼上浮水面呼吸时，蓝色的海面就会形成壮丽的水柱，这是自然界中的难得一见的景色。每年，都有数以万计的游客来到新西兰，坐船出海来观赏鲸鱼的这种景观，这也为保护鲸鱼提供了资金，使人们得以更好的保护这种日见灭绝的动物。

海象的长牙有何用途

说起长牙，每个人马上就会想起大象那对著名的长牙。不过，大象的长牙纯粹是装饰用途，没有任何意义。

海象是寒冷北极周围海域特有的海洋哺乳动物，海象外形的主要特点是有长长的牙，长达30～90厘米，重2千克左右。海象长着一对长牙，可不是单纯的装饰，它的长牙可有着大用途。

海象的长牙不仅是它与白熊和海豹搏斗的武器，以及凿开冰洞、翻耕海底觅食贝类的工具，还是它在冰天雪地北极冰面爬行的“滑雪杖”。

海象可利用长长的大牙齿爬到坚硬的冰上：海象先将它们身体的1/3移到冰块上，接着用力把牙齿插到冰块里，全身质量都集中到长牙上后，紧缩颈部肌肉以便使一只鳍脚攀到冰上，将身体拖向前去。多次重复这一动作，最后在冰块上站定下来。

树懒为什么那么懒

极懒的树懒

树懒是一种非常可爱的动物，共有2科2属6种。形状略似猴，产于热带森林中。动作迟缓，常用爪倒挂在树枝上数小时不移动，故称之为树懒。树懒是唯一身上长有植物的野生动物，它虽然有脚但是却不能走路，靠的是前肢拖动身体前行。

树懒比乌龟爬得还要慢。树懒生活在南美洲茂密的热带森林中，一生不见阳光，从不下树，以树叶、嫩芽和果实为食，吃饱了就倒吊在树枝上睡懒觉，可以说是以树为家。

树懒是一种懒得出奇的哺乳动物，什么事都懒得做，甚至懒得去吃，懒得去玩耍，能耐饥一个月以上，非得活动不可时，动作也是懒洋洋的极其迟缓。就连被人追赶、捕捉时，也好像若无其事似的，慢吞吞地爬行。像这样，面临危险的时刻，其逃跑的速度还超不过0.2米/秒。

从运动速度来说，陆地上几乎任何一种食肉性动物都可以轻而易举地捉到它美餐一顿。但是，为什么树懒还能生存到今天而没有遭到灭绝的厄运呢？

奥妙之处

原来它也有极巧妙的办法躲避敌害的侵扰。它栖息在人迹罕见的潮湿的热带丛林中，刚出生不久的小树懒，体毛呈灰褐色，与树皮的颜色相近，又由于它奇懒无比，使得一种地衣植物寄生在它的身上，这种地衣植物依靠它的体温和呼出的二氧化碳，长得很繁茂，以至于像一件绿色的外衣，把它的身体包缠起来，使人类和动物很难发现它。

另外，它一生大部分时间一动不动地倒挂在树上，即使运动其动作也极慢，这样也可以极少惊动敌人。加之，它的身体不重，可以爬上细小的树枝，吃它的肉食类动物上不了这种细枝，因此使它一直存活了下来。

为什么人们要说“狡猾的狐狸”

狐狸的“杀过”

当我们形容一个人聪明、奸诈的时候，都爱用“像狐狸一样狡猾”来形容。看来，狡猾这个词既表示钦佩，也有些无奈。那么，狐狸到底有什么特性，招致人们这样又爱又恨的评价呢？

狐狸，食肉目犬科动物。属于一般所说的狐狸，又叫红狐、赤狐和草狐。

狐狸生活在森林、草原、半沙漠、丘陵地带，居住于树洞或土穴中，傍晚出外觅食，到天亮才回家。由于它的嗅觉和听觉极好，加上行

狐　狸

动敏捷，所以能捕食各种老鼠、野兔、小鸟、鱼、蛙、蜥蜴、昆虫和蠕虫等，也食一些野果。因为它主要吃鼠，偶尔才袭击家禽，所以是一种益多害少的动物。故事中的狐狸形象，绝不能和狐狸的行为等同起来。

狐狸有一个奇怪的行为：一只狐狸跳进鸡舍，把12只小鸡全部咬死，最后仅叼走一只。狐狸还常常在暴风雨之夜，闯入黑头鸥的栖息地，把数十只鸟全部杀死，竟一只不吃，一只不带，空“手”而归。这种行为叫做“杀过”。

狐狸平时单独生活，生殖时才结小群。每年2～5月产仔，一般每胎3～6只。它的警惕性很高，如果谁发现了它窝里的小狐，它会在当天晚上“搬家”，以防不测。

狐　狸

狐和狸的区别

狐、狸其实是两种动物，我们通常所说的“狐狸”就是指狐，而狸另有其动物。

狐是肉食性动物，主要以鼠类、鱼、蛙、蚌、虾、蟹、蚯蚓、鸟类及其卵、昆虫以及健康动物的尸体为食。在人工饲养条件下，以配食饲料为主，在重要饲养阶段，补饲一些动物肉杂碎如肠、胃、头、骨等作为饲料，即可基本满足狐的需要。

狐狸分布很广，我国几乎各省区都产。狐狸皮是我国传统的名贵裘皮原料。

动物学家发现，狐狸的主要食物是昆虫、野兔和老鼠等，而这些小动物几乎都是危害庄稼的坏家伙，狐狸吃了它们，等于是帮了农民的大忙。所以说，狐狸应该属于对人类有益的动物。

狐狸的种类

银狐全称银黑狐，原产北美北部，西伯利亚东部地区，是目前主要饲养狐种之一。银黑狐因其部分针毛呈白色，而另一些针毛毛根与毛尖是黑色，针毛中部呈银白色面而得名。银狐嘴尖、眼圆、耳长，四肢细长，尾巴蓬松且长。

蓝狐也称北极狐，原产于亚洲、欧洲、北美洲北部高纬度地区，北冰洋与西伯利亚南部均有分布。蓝狐形似银黑狐，但体型略小，喙短，耳宽，嘴圆长，四肢短小，体态圆胖，被毛丰厚。体色有两种，一种是浅蓝色，且常年保持这种颜色；另一种是冬季呈白色，其他季节颜色较深。

在中国古代的传说中，狐狸常常被形容为一种“成精”的动物，所谓“狐狸精”、或“狐仙”，描述狐狸经过修炼成人出来迷惑众生。这也从一个侧面反映出狐狸的机智和狡猾。

真的有“大象墓地”吗

长期以来，在非洲就流传着一个古老的传说：那些预先知道自己已经走到生命尽头的老年大象，会离开象群，独自在密林深处的某一处隐秘的地方，默默的死去，而且，所有的老年大象都能本能的寻找到这个地方，因此，这个地方也被称作“大象墓地”。

半个世纪以前，有这样一则轰动世界的新闻：有个探险队在非洲的深山密林当中，发现了一个洞窟，洞里面堆满了象牙和象的残骸，人们相信，终于找到了传说中的“大象墓地”。

此后，不少冒险家为了寻找“大象墓地”以获取象牙，竟然将大象打成重伤，想让它挣扎着走向自己的“归宿”，然而，尽管他们紧跟着大象后面，穿密林，过草地，却没有一个人找到传说中的地方。

有动物学家认为，所谓“大象墓地”不过是那些偷猎者编造出来的谎言，他们为了掩盖自己盗猎大象的罪责，借此说明象牙的来源。但是，也有学者坚持认为“大象墓地”是存在的，因为他们发现，大象在临死前确实情况异常，它们会离开象群，不知所踪。而且，在动物保护区内，人们能够找到的大象尸体非常之少，这从一个侧面反映了事实的存在。

小熊猫是一种熊猫吗

大熊猫举世闻名，还有一种小熊猫，可能很多人没有听说过。小熊猫并不是大熊猫的幼仔，而是完全不同的一个物种。

小熊猫又名红熊猫、红猫熊、小猫熊，有时候在中文里也叫火狐，英文“FireFox”即是对其的直接译名，它是一种哺乳动物，属于食肉目、小熊猫科。它究竟应该列在熊科或浣熊科是多年来一直争论的问题，经过基因分析，它应该同美洲浣熊亲缘关系最近。

小熊猫

小熊猫体形肥胖，体长40～60厘米，体重约6千克。小熊猫的外形非常的敦厚，猫脸熊身，似猫非猫，似熊非熊。全身红褐色。最好看的是一条蓬松的长尾巴，其棕色和白色相间的九节环纹，非常惹人喜爱，因此又有“九节狼”的别名。

小熊猫在我国主要生活在西南地区，海拔2000～3000米的亚高山丛林中，平日里数只结成小群活动，虽然动作比较迟缓，但是攀爬技术高超，能够稳当的上树顶，然后悠然的睡觉。

小熊猫是杂食动物，以植物为主，多食嫩叶、果实、竹笋、竹子的嫩叶，但是并不吃竹干，有时候也捕食小鸟和鸟蛋。

“老马识途”的传说

我们都听说过“老马识途”的传说。有匹马在矿井下拉车有10年之久，这段时间它从未离开过地面，后来由于衰老了，它被主人送出了矿井。当它达到地面后，立刻就奔向了幼年时呆过的饲养场，不出任何差错。

人类饲养的猫和狗也具有同样的能力。有的人将宠物猫狗抛弃到很远的地方，自己回家了。然而，过了几天，那些宠物就又跑回来了。反

老马识途

复数次都是这个结果。

关于这些事情的原由，还是个谜。人们认为，可能是这些动物经常受到食肉动物的攻击，因此在长期的自然选择中，练就了敏锐的视觉、灵敏的听觉和发达的嗅觉，这些动物靠的就是这“三觉”。

北极旅鼠自杀之谜

北极旅鼠是一种极其普通、可爱的小动物，它们常年居住在北极地区，体形椭圆，四肢短小，比普通老鼠要小一些。

北极旅鼠的繁殖能力极强。一只母旅鼠一年可生产6～7窝，新生的小旅鼠出生后30天便可以交配，然后再过20天，即可再生下一窝小旅

鼠，每窝可生11个。据此速度，一只母鼠一年可生成千上万只后代，令人惊叹。

这么多的老鼠，自然要食物，于是，草根、草茎之类的就被它们无情的扫荡了。因此，人们戏称它们为“收割机“。

这么可怕的旅鼠大军，会把地球淹没的。但是，大自然也有其奇妙之处。每年，待到旅鼠繁殖到一定程度的时候，旅鼠开始了自杀行径，令人既困惑又庆幸。

首先，它们会主动进攻天敌。平日里胆小怕事的旅鼠，到了这个时候，见到任何天敌都毫不畏惧，主动上前去送死。

其次，它们的毛皮突然从隐蔽的灰黑色变成了明显的橘红色，更加加大了它们被捕食的危险。

而且，它们还表现出了强烈的迁徙意识。它们聚集成了庞大的大军，沿着一个方向出发，赶往大海，然后扑向大海当中淹死。于是，海面上便漂浮着数以万记的旅鼠尸体。

有趣的是，每当这个时候，总有一些少量的同类在看家，并且分担起传宗接代的任务，使其不至于绝种。似乎一切都是上天精密安排好的。

这一切究竟是什么原因造成的，到现在还是个谜。旅鼠这种牺牲自我来维持生态平衡的做法很不可思议，科学家们提出了很多观点，却都没有说服力，所以，这个谜还将继续下去。

濒临灭绝的哺乳动物

哺乳动物普遍具有极高的经济价值，例如野兽的毛皮，象牙、犀牛角、鲸鱼肉和油脂、海龟的壳等，这些宝贵的器官给它们带来了灭顶之灾。不法之徒为了牟利，不惜大肆盗猎野生保护动物，使大量珍稀野生哺乳动物濒临灭绝。如果我们再不行动起来，我们的下一代，很可能永远的失去了这些动物。

极其稀少而珍贵的大熊猫

大熊猫，一般称作“熊猫”，是世界上最珍贵的动物之一。数量十分稀少，属于国家一级保护动物，体色为黑白相间，被誉为“中国国宝”。

大熊猫是中国特有种，属熊科，现存的主要栖息地在中国四川、陕西、甘肃等周边山区。全世界野生大熊猫现存大约1590只左右。成年熊猫长约120～190厘米，体重85～125千克，适应以竹子为食的生活。

大熊猫憨态可掬的可爱模样深受全球大众的喜爱，在1961年世界自然基金会成立时就以大熊猫为其标志，大熊猫俨然成为物种保育最重要的象征，也是中国作为外交活动中表示友好的重要代表。

可爱的大熊猫

目前野外到底有多少只大熊猫？这是个很难回答的问题。居住在高山区陡坡的密竹林中，大熊猫的统计成为一项很艰苦的工作。

科学家们在20世纪70年代和80年代曾经有过两次调查，估计野外有约1000只大熊猫，这个数字可能偏低。

大熊猫分布区域内共有37个县，若按

趣味链接

大熊猫还有棕色的，它是在佛坪自然保护区内发现的。最早是在1985年3月26日，陕西佛坪自然保护区内发现，取名“丹丹”，当时年龄为13岁，体重60多千克。这是世界上科学界首次发现体毛为棕色的大熊猫。

此后于1990年、1991年和2009，在佛坪自然保护区内的竹林中又有3次分别观察到棕色大熊猫的2只成体和1只幼仔。这种熊猫两耳、眼圈、睫毛、吻头、肩胛及四肢的毛均为棕色。因此，北京大学大熊猫专家称其为“世界上最美的大熊猫”。

无论棕色或白色大熊描，确为世界罕见。它们的被发现，打破了熊猫研究史上“单形性”（即毛色黑白相间）的说法，具有重大科学意义。

这样，目前已知的大熊猫的毛色共有三种：黑白色、棕白色、白色。

生活在陕西秦岭的大熊猫因头部更圆而更像猫，被誉为国宝中的“美人”。

主产、一般和少量三级划分，主产县每县约有100只，共有7个县；一般产县每县约50只以上，共11个县；少产县每县常在50只以下，计有19个县。据此推算，大熊猫野生数量总计约有1000只以上，圈养的数量约为100只。

大熊猫的净生殖率大约为1.06740002，种群增长缓慢。根据国家林业局2006年的调查，目前全国有野生大熊猫1596只，圈养数量161只。大熊猫是熊科家族中最为珍稀，也是受到最大生存威胁的哺乳动物之一。

濒临灭绝的河马

河马数量曾高居世界第一的非洲刚果，因内战造成饥荒后，人们开始大肆杀戮河马为食，目前已面临物种绝迹的危险。如今世界野生动物基金会调查人员前往刚果，深入探查与河马有关的生存状况。

来到了刚果的维龙加自然公园，看见当地荒凉的景象，世界野生动物基金会调查人员班查感叹地表示，“这里长期有28只河马，但现在你看得到任何一只吗？”一只都不剩的景象，让科研人员留下感伤的眼泪。

30年前，这里有多达3万头的河马悠游在湖水中，虽然它们的排泄物看似肮脏，但却能够滋养湖水，也喂饱了鱼群。但现在，如此完美的食物链已不复见。

在河马骤减为800头后，渔获量也相对大幅降低，生态循环大受影响。当地渔民表示，“1980年的时候我们可以从湖里钓到将近1000尾鱼，但现在我们只能钓到10或20尾。“

另外，过去还曾有满载手持步枪的反抗军，入侵维龙加自然公园附近的艾德华湖岸小渔村，他们因为河马的肉与犬齿有谋利价值，而大肆射杀河马，据了解，当时共有74只河马被杀。当地警察局局长还表示，“他们射杀了一整天，当时景象非常恐怖。”

面对维龙加自然公园现在的景象，调查人员担忧，大自然创造的良性循环遭人为破坏后，不但影响河马与鱼群生态，还将使人类所需的食物量减少，这样的恶性循环，恐怕10年内也无法恢复。

濒临灭绝的河马

藏羚羊的濒危与保护

藏羚羊为羚羊亚科藏羚属动物，是中国重要珍稀物种之一，国家一级保护动物。体形与黄羊相似。

藏羚羊是青藏高原特有物种，与已在中国本土刚刚灭绝半个世纪的高鼻羚羊亲缘关系最近。藏羚羊又名“一角兽”，一个世纪前多达数百万只。被藏民称为大雁的朋友，它们在高原上奔跑如飞，狼也很难追上，但以汽车和枪支装备起来的盗猎者却可以成片的杀戮之。

目前中国的藏羚羊不足7万只，但年复一年、禁而不止的非法交易与屠杀使其数量直线下降，目前被列为国家一级保护动物，国际自然保护联盟红皮书的“濒危级”。

藏羚羊作为青藏高原动物区系的典型代表，具有难于估量的科学价值。藏羚羊适应高寒气候，藏羚绒轻软纤细，弹性好，保暖性极强，被称为“羊绒之王”，也因其昂贵的身价被称为“软黄金”。

藏羚羊，近年极受世人瞩目，主要原因是由于1980年以来西方时装界对“藏羚绒披肩”即“沙图什”的消费需求而刺激了偷猎者的谋财害命，另外，一些采金者也在对其肆意杀戮，致使生活在生命极限的高寒地区的藏羚羊正以一年近万只的速度减少。

为打击盗猎，这几年青海、新疆、西藏的反盗猎力量林业公

趣味链接

在修建青藏铁路的时候，为了藏羚羊和藏野驴的动物迁徙，预留了大量涵洞和大桥，而这些藏羚羊和藏野驴似乎“通了人性”，规规矩矩地穿越了这些预设的通道。青藏铁路开通后，藏羚羊和藏野驴这些可可西里的“原住民”已经适应了铁路带来的变化，它们能够自如地找到设计者专为他们准备的迁徙通道。

安一直在为保卫藏羚羊等野生动物而战斗，其中的佼佼者即“野牦牛队”，他们已经有两位英雄为此献身。

带来灾祸的犀牛角

犀牛的保护

全世界有五种犀牛，非洲有两种，黑犀牛分布于非洲各地，白犀牛只分布在非洲南部津巴布韦等国。亚洲有三种，三分之二的亚洲犀牛都处于灭绝的边缘。但是非洲南部的犀牛面临的威胁更加严重。

早在20世纪60年代，非洲有10万头黑犀牛，但20世纪90年代已经锐减到了2400头。现在非洲黑犀牛的数量较20世纪90年代已经翻了一番，

犀牛角带来的灾祸

虽仍然很少，但至少还是在增加。

非洲白犀牛的数量快速增加是一个非常成功的动物保护案例。100年前，大概只有50头白犀牛，由于成功的野外保护，而且把它们转移到了更为安全的区域，野生保护区也在不断扩大，现在白犀牛的数量已经达到了2万头。

犀牛角的灾祸

但是最近几年来，非洲犀牛的形势却很不妙。曾经被严格限制的非法狩猎又随处可见了。根据世界野生动物协会的数据，从2000年至2007年，在南非只有十几头犀牛被非法屠杀，而南非的犀牛占全世界犀牛数量的90%左右。但在去年，南非大约有333头犀牛被非法屠杀，它们的犀牛角都被割掉了。

如今非法犀牛角交易已经不再是少部分非法狩猎者捕杀迷路的犀牛了，相反，执法人员认为，国际犯罪组织正在把它打造成一个产业。事实上，如果把犀牛角运到目的地的话，1千克的犀牛角能卖上万美元。所以犀牛角比黄金更值钱。而且犀牛角运输起来也很方便。

越南是犀牛角交易的主要市场。几年前传言：服用犀牛角磨成的粉末能治好癌症。犀牛角并非亚洲传统医药中的药材。然而，能治癌症的传言让越南人尤其是那些有钱的越南人热衷于获取犀牛角。

亚洲犯罪团伙的捕杀也离不开私人农场主的帮助。9月份，南非法庭将起诉两位私人农场主，两位兽医和一位专业的捕猎手还有其他六个人，他们被指控非法经营犀牛角贸易集团，他们从南非野生动物服务组织购买犀牛并秘密屠宰以获取犀牛角。这一起诉将具有里程碑意义。

犯罪分子付出这么大的代价，冒这么大的风险值得吗？犀牛角真的能治愈癌症吗？伦敦的一家生物制药公司和动物协会的研究表明，犀牛角就像指甲一样，没有任何医用价值。它由凝聚毛组成，并包含类似角蛋白的蛋白质。

生物学家们认为，犀牛角以每年大约10厘米的速度生长。在世界上很多地方，从野生动物身上获取它们身体的某个部分是被禁止的。

一些著名的非洲野生动物专家提倡犀牛养殖是惟一能有效地减少非法狩猎的方法。只要人类还在猎杀犀牛以获取犀牛角，非洲丛林里将会有更多的犀牛死去。

黑犀牛的灭绝

在2011年11月10日，非洲西部的黑犀牛正式宣告灭绝，该消息由国际自然保护联盟（IUCN）宣布。IUCN同时表示，犀牛的另外两个亚种也将面临同样的命运。

据分析，中非的北部野生白犀牛可能已经灭绝了，而越南的爪哇犀牛也可能已经灭绝，也许就在2010年，偷猎者杀死了最后一只。

少量的但逐渐减少的犀牛家族的幸存者，目前存活于印度尼西亚的爪哇岛。

国际自然保护联盟在公告中宣布，四分之一的哺乳类动物面临灭绝之灾，这些动物都不幸地在“最新濒危动物列表”中上榜。

同时，国际自然保护联盟补充道，南部白犀牛和普氏野马幸运地因为得力的保护项目而从灭绝的边缘被拉了回来。

“人类是地球的总干事，我们有责任保护物种，并和其他动物一起分享自然环境。”IUCN物种保护委员会主席说道。

“从西部黑犀牛和北部白犀牛的案例中，我们可以看出，假如我们建议的保护措施真的得到贯彻，结果将完全不同。”他补充道。“这些措施必须加强，尤其是管理好现存者，提高它们的繁殖力，以确保幸存的犀牛免遭灭绝。”

WWF（世界自然基金会）中的环境运动组织宣告，2010年被杀的那只爪哇犀牛可能是越南境内最后

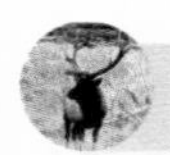

趣味链接

犀牛是最大的奇蹄目动物，也是仅次于大象体型大的陆地动物。它是惟一可以穿越大片荆棘植物丛而不会感到明显不适的动物。它们粗厚的表皮，可以抵挡十分尖锐的刺。它们的牙齿和消化系统也很厉害，能毫无困难地将10厘米长的尖刺磨碎，吞进腹中。

然而，如此坚硬的皮肤却无法抵挡住人类的子弹，犀牛的前景已经非常危险了。

的一只。实际上也意味着这个物种几乎全部灭绝。

从2009至2010年，通过对取自越南国家公园的22个粪便样本的基因分析，证实了那最后一只越南野生爪哇犀牛是被子弹射中腿部而死，而它的角于2010年4月被拿走。

如果人类再不进行紧急的保护干预措施，犀牛的灭绝之日也许真的并不遥远。

因全球变暖受到威胁的北极熊

与犀牛的濒临灭绝原因不同，北极熊面临的主要威胁并不是人类的捕杀。而是全球变暖的威胁。

原因就在于，人类温室气体的大量排放导致温室效应，北极的气温升高，使得北极熊的居住地——北极冰川大面积融化，而北极熊的繁

因为全球变暖而濒临灭绝的北极熊

殖、捕食等所有活动都要在冰面上进行。北极地区雪冰的融化，影响到它们的栖息和捕食。

尤其是在夏季，北极熊的日子更加艰难。北极熊依靠冰面为平台猎捕海豹，食物的短缺甚至发生了同类相残的悲剧。导致种群逐步减少。

美国科学家报告说，阿拉斯加州的北极熊出生地正逐渐向陆地转移，而过去北极熊基本是在海冰上度过一生。研究者认为这可能与全球变暖有关。

据美国媒体报道，美国地质勘探局的研究人员在1985年到2004年间，通过卫星跟踪了阿拉斯加州北部地区的89只北极熊以及它们筑窝的情况。研究者发现，从1985年到1994年，雌性北极熊中有62%在海冰上筑窝繁衍后代；而从1998年到2004年，只有37%还在海冰上筑窝，其余的都已转向陆地。

研究者认为，这可能是因为全球变暖而导致海冰发生变化，影响了北极熊在海冰上筑窝的效果。近年来，受全球变暖影响，北极地区的结冰时间越来越短。

研究者警告说，如果气候持续变暖，当地的北极熊数量将会减少。因为到岸上寻找合适筑窝地点有时需要越过大面积的海水，这让北极熊望而生畏。

《美国地质勘探》杂志在一篇报道中预测，由于全球变暖、北极冰面融化，到2050年地球上北极熊数量可能减少三分之二，其中阿拉斯加地区的北极熊将绝迹。此前曾有科学家预计，如果北极冰层变薄的趋势不变，北极熊将在未来30年内灭绝。

趣味链接

全球气候变暖是一种“自然现象”。由于人们焚烧化石矿物以生成能量或砍伐森林并将其焚烧时产生的二氧化碳等多种温室气体，由于这些温室气体对来自太阳辐射的可见光具有高度的透过性，而对地球反射出来的长波辐射具有高度的吸收性，能强烈吸收地面辐射中的红外线，也就是常说的“温室效应”，导致全球气候变暖。

全球变暖的后果，会使全球降水量重新分配、冰川和冻土消融、海平面上升等，既危害自然生态系统的平衡，更威胁人类的食物供应和居住环境。

目前全球北极熊的数量约为22000头。在当我们采取的挽救措施奏效之前，北极熊便将已经由于北冰洋海区的过度升温而彻底从地球上消失。

这一研究结果直接导致北极熊在2008年北极熊被列入世界濒危物种名录。

在拯救北极熊的问题上，我们的处境可能并非如此前估计的那样悲观。如果全球能够齐心协力，只要切实执行温室气体的减排政策，达成温室气体的足量减排，使到本世纪末时的气温上升幅度不超过1.25℃，那么北极熊的种群数量将有可能得到恢复，我们就有可能使北极熊免遭灭绝的厄运。

人类对北极海兽的捕杀

北极海域的海洋哺乳动物，在历史上曾经有过一段悲惨的经历。温顺的北极海象，雄性体重可达1360千克，它们常常数十头甚至数百头一起聚集在海滩上鼾声大作，高枕无忧。由于它们的长牙可做牙雕工艺品，肉可食用，皮可制革，所以成为人们捕猎的对象。

200年来，它们的数量从50万头下降到濒临灭绝的边缘。从20世纪70年代起，由于人们采取保护措施，才使其得以继续繁衍。

北极海豹与南极的毛皮海豹

的生活习性有些近似。它们以家庭为单位生活在一起，家长通常是一头体重300千克的雄海豹，统治着50头左右体重仅30～50千克的雌海豹和它们的子女。由于它们的毛皮在市场上极受欢迎，原有的数百万头几乎被斩尽杀绝。后来它们幸而与北极海象一起受到保护，才使北极海豹的数量从近年开始回升。

处于灭绝边缘的海兽还有僧海豹，僧海豹又名西印度僧海豹，属于哺乳纲、鳍脚目、海豹科、僧海豹属。僧海豹是一种古老而稀有的海豹，是世界上唯一一种一生都在热带海域中生活的海豹。历史上僧海豹曾在加勒比海和地中海大量地繁殖，由于人类的狂捕滥杀，今天僧海豹在世界其他地方已经绝踪，而仅仅在夏威夷群岛北部生存着一个不大的群体。

僧海豹要比普通海豹略大，它吻部短宽，额部高而圆突。没有外耳，但听觉能力却很好。僧海豹喜欢热带温暖的海水，体型比海狮、海象更适宜在水中生活，后肢不能曲向前方；身体外表平滑，几乎成了流线型，非常适合在水中快速游泳和潜水。敏锐的视觉和听觉再加上水中的灵巧，使它更容易捕捉到各种鱼类。但它在陆地上动作就显得十分笨拙，善于游泳的四肢只能起支撑作用，只能缓慢地匍匐爬行。

僧海豹面部长着又黑又密的刚须。僧海豹很聪明，对新鲜的事物充满了好奇。它们对人类很友好，当它们遇到在附近游泳的人时，常会好奇地游到人的面前，直愣愣地盯着人的脸看上一阵，然后悠然自得地游开。它们游泳的姿势非常优雅，好像根本不用鳍划水，只是身体略略晃动，便能毫不费力地在水中自由自在地游动。在它们生活的海域有着丰富的食物，僧海豹们吃饱之后就在水中互相追逐，翻滚打闹。当然恼怒的时候，它们也会扭打撕咬，所以它们的身上经常有一些牙齿的痕迹。

僧海豹身上有普通海豹所没有的斑点，多为棕灰色或灰褐色，背部中线颜色很深。其寿命一般在10～30年。

不光是海兽处于灭绝的边缘，鲸类也面临同样的命运。北极海域的鲸类只有6种，而且数量远远不如南大洋，但北冰洋中的角鲸和白鲸却是世界鲸类中最珍贵的品种。现在也处于灭绝的边缘。

趣味链接

加拿大东部大西洋沿岸生活着一种憨态可掬的格陵兰海豹。它们最喜欢在冰天雪地里活动，而且表情好像在微笑。现在，这些原本生活在寒冷北方的家伙竟开始大量向位于南部的美国沿海“移民”。这种以前从来没有出现过的现象，引起当地生物学家的极大兴趣。

过去，每年冬天，人们都能在美国东北部沿海发现少量格陵兰海豹幼仔和小海豹。今年，人们却在美国东部各州发现了100多头成年格陵兰海豹。甚至是远在美国东南部的北卡罗来纳州也发现了它们的踪迹。此前人们相信，格陵兰海豹不会跑到这么靠南的地方“度假”。

美国东北部地区的土著海豹，主要是数量约10万头的“港口海豹”。当地还生活着不少灰海豹。与此同时，加拿大境内的格陵兰海豹高达900万头。这种海豹生活在冰面上，它们最爱在冬天通过结冰的海湾登陆玩耍。有人称，气候变化和为了寻找食物可能都是它们南下的诱因。

此外，还有一种说法更吸引“眼球”，那就是加拿大海豹是到美国“避难”的。

在加拿大，商业性海豹捕猎活动是合法的，各类海豹制品被包装成营养品卖往其他国家。近年来，血腥场面让各界对“屠杀”格陵兰海豹的做法产生了极大质疑。加拿大政府还曾提出，可通过猎杀海豹的方法来挽救日益稀少的鳕鱼资源，这种说法更遭到各国环保组织痛批。

目前，加拿大每年捕杀的海豹数量为30万头以上，狩猎时间集中在每年上半年。这些海豹有的被人用枪射杀，有的干脆被棍棒击中头部而死，场面极为血腥。人们只要看到冰面上的海豹后就开杀，先从海豹身上剥下毛皮制造皮衣，并将其他部分做成“补品和壮阳药”。

据称，格陵兰海豹脂肪组织中含有一种名叫“omega3”的不饱和脂肪酸，其含量远远超过天然鱼肉。人们将这种物质提炼出来后制成营养品在市场上销售，广受各国客户欢迎。加拿大政府表示，捕杀海豹的数量始终处于合理的范围内。不足以对于海豹的数量构成威胁。

除加拿大外，在格陵兰、纳米比亚、挪威及俄罗斯等地也可合法捕杀海豹。以加拿大为例，捕猎期通常从每年的11月15日持续到下一年的5月15日，此后又延长到每年的6月30日。加拿大政府估计，有5000至6000加拿大人的部分收入源于猎捕海豹的活动。

保护初见成效的普氏野马

普氏野马是大型有蹄类马，体长约2米到3米，肩高1.1米以上，体重200多千克。头部长大，颈粗，其耳比驴耳短，蹄宽圆。整体外型像马，但额部无长毛，颈鬃短而直立。夏毛浅棕色，两侧及四肢内侧色淡，腹部乳黄色；冬毛略长而粗，色变浅，两颊有赤褐色长毛。

普氏野马栖息于缓坡上的山地草原、荒漠及水草条件略好的沙漠、戈壁。野马性机警，善奔驰；一般由强壮的雄马为首领结成5～20只马群，营游移生活。多在晨昏沿固定的路线到泉、溪边饮水。喜食芨芨草、梭梭、芦苇等，冬天能刨开积雪觅食枯草。6月份发情交配，次年4～5月份产仔，每胎1仔，幼驹出生后几小时就能随群奔跑。

普氏野马于1879年由俄国探险家普尔热瓦尔斯基首次发现，其后其野外数量不断下减，至1969年人类最后一次发现其野生个体，前后仅经历90年的时间，其保护状态也由濒危变为野外灭绝。

进入20世纪，由于人类的大肆捕杀、战争的破坏，牧场的扩大以及人类的社会生产活动，破坏了生态环境，致使普氏野马分布区急剧缩小。直到1967年人们最后一次看到野生种群，1969年最后一次看到野生个体，之后，野生的野马彻底从人们的视线中消失了，这个物种的保护状态也由“濒危”变为了“野外灭绝”。

此后，世界各国加强了对该野马的保护措施，对部分人工饲养保留下来的马匹加以重点保护，使该物种得以延续，至20世纪90年代，一些针对该物种野外放养计划正式启动，并很快成功实现了野外繁殖。

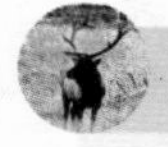

趣味链接

事实证明，只要下定决心，措施得当，濒危野生动物的保护是可行的。让我们努力吧！

2005年，普氏野马在世界自然

保护联盟濒危物种红色名录中的保护状态已经正式被提议为由野外灭绝更改回为濒危。

普氏野马是野外灭绝动物在动物园及保护区中繁殖，最典型成功的例子，如果其保护状态能够成功变更，这也将成为动物保护史上具有重要意义的里程碑。

极其罕见的雪豹

雪豹是豹的一种，又称艾叶豹、荷叶豹。它的生活环境不像金钱豹那样广泛，它终年生活在高原地区，也就是生活在高山雪线一带，并由此而得名。

雪豹产于中亚的高山地带，在我国则主要产在青藏高原、新疆、甘肃、内蒙古等地。雪豹原本应该生活在高山雪线以上，但是在冬季雪线以上雪豹难以觅食，因此也会下到雪线以下有人烟的地带觅食。一般在海拔1800～3000米的地方。到了夏季，为了追逐各种高山动物，比如岩羊、北山羊、盘羊等高原动物又上升到海拔3000～6000米的高山上。

雪豹大多生活在空旷并且多岩石、岩缝的地区，它的体色恰恰也就适应了这样的生活环境。雪豹体表为灰白色，略微显出一些浅灰和淡青色，体表上还有许多不显眼和不规则的黑色斑点、圈纹，显得华丽珍贵。

雪豹的体色是动物学家所公认的猫科动物之中最美丽的一种动物。正是由于雪豹的这种体色与周围的环境特别协调，即使白天从它身边经过，也不易发觉，因此雪豹便于隐蔽猎食。这也是人们很难捕猎到雪豹的一个重要原因。

雪豹体型大小与豹相似，但头比豹稍小，体长1.3米左右。除了毛色之外，它的最大的特点是尾巴又粗又长，其长度约1米，几乎与身体差不多长了，尾毛蓬松而肥大。雪豹体毛比普通豹毛长，腹部的毛最长，背

趣味链接

专家目前只能粗略地根据大致的栖息地范围和每只雪豹的领地范围，推算出全世界大概有3500～7000只野生雪豹。是中亚高原特有物种。

雪豹是我国一级保护动物，在国际IUCN保护等级中被列为“濒危”（EN），和大熊猫一样珍贵。

另外，各地动物园共有圈养雪豹600～700只。

部的毛虽然比腹部的毛要短，但也有6厘米长。雪豹的体毛长且浓密、柔软，这也是雪豹极其耐寒的重要原因。一头雪豹体重约30～50千克。

雪豹属于岩栖性动物，在高山的岩洞或岩石缝间，有它们固定的巢穴，而且居住数年不换，以致身上落下的毛在窝内铺成了厚厚的毛垫。雪豹夜间活动多成对栖息，黄昏或黎明时也很活跃，白天在洞穴内，不外出，人们很难见到它，因此也很难捕到它。生活在高山上的雪豹，凶猛机警，敏捷的程度连金钱豹也比不上。它的弹跳能力极强，三四米高的岩石，雪豹跳上去就像是走平地一样，十几米宽的山涧，可一跃而过，因此有“高山之王”的美称。

雪豹两岁多时性成熟，大约在二三月间发情，五六月间产仔，怀孕期大约为95～105天。一胎通常2～3仔。雪豹的寿命一般20年左右。

由于雪豹的活动路线比较固定，容易被捕获，加之豹骨和豹皮价值昂贵，人类不断地捕杀雪豹，使雪豹的数量不断减少。人类的活动给这种大型猫科动物带来了巨大的生存压力，没有人确切知道野外现存多少只雪豹，估计种群数量仅有几千只。孤寂的雪豹已被列入国际濒危野生动物红皮书。目前雪豹数量最多的国家是哈萨克斯坦。

人类的捕杀与活动对猩猩的影响

自从4万年前，真正意义的人类侵入猩猩的生活以来，人类就一直是猩猩最大的敌人和竞争者，这种作为人类近亲的猿类在原先活动范围内的灭绝，大部分是由于人类的捕猎活动造成的。在历史上，人类为了自身的生存，而对猩猩进行的杀戮，导致猩猩数量的持续减少。科学家们认为，之所以婆罗洲和苏门答腊岛的黑猩猩分布不均匀，就是人类造成的。

在西非的热带雨林里，黑猩猩们正在遭遇着灭顶之灾。由于对猩猩毛皮和头骨的需求旺盛，大批黑猩猩造到盗猎。而且，还有很多城市的人喜欢养小黑猩猩作为宠物，这也导致野生黑猩猩的数量大幅减少。

地球上现在还生活着多少黑猩猩和大猩猩，人们无从知晓。在黑猩猩和大猩猩的主要栖息地——西非赤道国家加蓬和刚果（布）的原始森林里，研究人员发现，黑猩猩和大猩猩居住的洞穴数量过去20年中减少过半。而人工环境下的黑猩猩和大猩猩，境况也不乐观。专家警告说，如果继续下去，30年后黑猩猩和大猩猩将濒于灭绝。

据估计，目前地球上80%的黑猩猩和大猩猩生活在加蓬和刚果（布）的原始森林里。1998年至

2002年，美国的研究人员对这些地区的黑猩猩和大猩猩洞穴进行了实地勘察。2003年4月公布的调查结果显示，黑猩猩和大猩猩的洞穴数量在过去20年中减少了56%。专家担心，如果照这个速度发展下去，33年后，黑猩猩和大猩猩数量将再减少80%，从而使这一物种濒临灭绝。

研究人员认为，猩猩数量锐减原因有二：一是长期以来，当地商业狩猎和乱砍滥伐行为有增无减，猩猩们的生存空间不断遭到破坏；二是在当地居民中暴发的埃博拉出血热开始侵袭猩猩们。1994年以来，加蓬居民中至少暴发了4次大规模埃博拉出血热。研究人员发现，在曾发生人类埃博拉出血热的地方，黑猩猩和大猩猩的洞穴比其他地方明显减少。研究人员还在黑猩猩和大猩猩尸体上发现了埃博拉病毒。

对于人工环境下的黑猩猩和大猩猩，近年来争论焦点集中在这些动物是否应该用于动物实验上。据报道，很多黑猩猩从非洲被卖到世界各地，然后被关进铁笼，或做表演，或被用来做实验。仅美国就有约2000只黑猩猩被送入各种实验室。

猩猩现在都面临着野外灭绝的境地。猩猩对于伐木业十分敏感，当伐木活动越来越密集的时候，猩猩的栖息地也在不断缩小。现在，自然保护区以外的大部分森林已经被改造成农田或是完全消失了。因此，保护猩猩的唯一有效途径，就是在自然保护区和国家公园内，保留尽可能多的栖息地。

哺乳动物趣闻

哺乳动物美丽而有趣，围绕着它们，有着很多鲜为人知和津津乐道的传说和故事。下面，就请跟着我们一起，去领略和观赏这些自然界精灵的精彩演出吧！

“美人鱼”的传说

美人鱼的原型

我们都听说过“美人鱼”的传说。在传说里，美人鱼被描绘为一个美丽女人的上半身，和鱼的下半身的组合体。当然了，这只是一种美好的设想而已，是童话里的故事。

其实，在现实生活中，“美人鱼”是有它的动物原型的，这就是一种很少为人所知道的海兽——儒艮。

儒艮属于海牛目，儒艮科。是海洋中唯一的草食性哺乳动物，儒艮尾部形状与海豚尾部相似。儒艮的头很大，头与身体的比例是海洋动物中最大的。嘴巨大而呈纵向，舌大，使其更利于进食海底植物而将沙子排除开。儒艮的气孔在头部顶端，平均15分钟换一次气。头部和背部皮肤坚硬、厚实。

儒艮的习性

儒艮行动缓慢，视力差，听觉灵敏，性情温顺，平日呈昏睡状。饱食后除不时出水换气外，爱潜入30～40米深的海底，伏于岩礁等处静候，从不远离海岸到大洋深海去。对海温有一定的要求，不去冷海。对冷敏感，水温低于15℃时，易染肺炎死去；水质差也易患皮肤溃疡、体内寄生虫等。

儒艮的分布

儒艮主要分布于西太平洋与印度洋海岸，特别是有丰富海草生长的地区。虽然它们被认为栖息于浅海，但有时也会移动至约23米深的较深的海域。它们的分布范围并不连续，这可能与栖息地的合适度和人类活动有关。

印度洋的儒艮由非洲东岸开始，经红海、波斯湾、南非、马达加斯加往东至阿拉伯海与斯里兰卡，其中大部分地区的数量都很少。

在太平洋地区包括了印尼、马来西亚、巴布亚新几内亚等东印度群岛，往北达我国台湾与日本的冲绳岛，往南则包括了澳洲南部以外的邻近海域。某些地区称它们为“海猪”、“海牛”、“海骆驼”。

儒艮在我国主要分布于北部湾的广西沿海，广东和台湾南部沿海以及海南岛西部沿海。

在哺乳期，儒艮会带着幼儒艮在浅海游弋，这时的成年儒艮乳头肿大，古代水手在光线不好的时候看到它，误认为是女人，因此便有了“美人鱼”的称呼。

被念错名字的“熊猫”

熊猫的祖先是始熊猫，大熊猫的学名其实叫“猫熊”，意即“像猫一样的熊”，也就是“本质类似于熊，而外貌相似于猫。”

严格地说，“熊猫”是错误的名词。这一“错案”是这么造成的：新中国成立前，四川重庆北碚博物馆曾经展出猫熊标本，说明牌上自左往右横写着“猫熊”两字。

可是，当时报刊的横标题习惯于自右向左认读，于是记者们便在报道中把“猫熊”误写为“熊猫”。“熊猫”一词经媒体广为传播，说惯了，也就很难纠正。

于是，人们只得将错就错，称“猫熊”为“熊猫”。其实，科学家定名大熊猫为“猫熊”，是因为它的祖先跟熊的祖先相近，都属于食肉目。

所以，从本质上说，熊猫是“熊”，而不是“猫”。当然了，无论称呼怎样，都不妨碍我们对这一珍贵动物的喜爱。

动物中的神兽——羊驼

在网络世界里，有一种大家都非常喜爱的、称作神兽的动物——羊驼。羊驼，又名驼羊，属偶蹄目骆驼科，它实际上是骆驼的一种，但是没有驼峰，而且外形有点像绵羊，故称为羊驼。

羊驼有弹性很好的肉趾，耳稍尖长、直立。

羊驼一般在高原生活，世界现有约300万只左右，约90%以上生活在南美洲的秘鲁及智利的高原上，其余分布于澳洲的维多利亚州以及新南威尔士州。

羊驼的毛比羊毛长，光亮而富有弹性，可制成高级的毛织物，也能驮运。

羊驼性情温驯，伶俐而通人性，适于圈养。采食量不大，耐粗饲，以草为主。羊驼适应环境的能力较强。所以，有人也把它养来用作宠物。

1984年，美国人把羊驼从秘鲁带向世界，目前全美国有数万头羊驼。而我国2002年从澳大利亚引进了这种动物。

养只食蚁兽做宠物

食蚁兽是一种非常奇妙的动物，它只生活在中、南美洲。即使是在其他地区的动物园里，它也是一种比较少见的动物。它温顺、美丽、可爱，是一种看起来让人感到很温馨的动物。

据英国《每日邮报》2009年报道，人们都说狗狗是人类最好的朋友，但是美国俄勒冈州的安吉拉古德温却把所有心思都花在一只食蚁动物身上。

这只与众不同的宠物名叫普亚，是一只小食蚁兽。古德温对它喜爱有加，他们共用一张床，而且古德温怕它冻着，还给它穿上可爱的小衣服。

古德温说："食蚁兽是一种热带动物，因此它们在这种气候下或许会觉得冷。最初我给普亚穿了小运动衫，结果发现它对此并不在意，现在它有一衣橱各种各样的衣服。"据古德温说，食蚁兽是一种非常聪明的动物，对人类很忠诚。

古德温是一名自由作家和动物教育专家，她说："它们的适应能力很强。即使在从机场到家的路上，普亚也会友好地用爪子轻轻碰碰我。"

随着时间推移，他们的关系变得越来越亲密。"周末与我睡在一张床上的它，会用它自己的方式与我交谈。它喜欢抱着我的胳膊睡。现在它喜欢睡在洗衣机里，不过白天它有时会和我一起打个盹。它喜欢趴在我背上或者我胸前，就像小孩依偎在母亲身边一样。"

古德温经常用绳子拴着普亚出去散步，看到他们的人都是一脸吃惊。普亚和古德温在一起已经有3年时间了。"这么近距离观看一只食蚁兽，人们感觉特别棒。它非常可爱，因此很多人经常会停下来，让我讲一些它的故事。"普亚可能是因为生病，人们才把它从它的出生地——南美洲圭亚那挑选出来，对它进行营救的。

古德温一直对小食蚁兽非常感兴趣，在俄勒冈州把食蚁兽当宠物养是允许的。但是她警告那些想收养食蚁兽的人，这种动物的气味很难闻，而且吃东西的习惯也不太好。她说："我一直认为它们是一种非常美丽的动物，但是我知道要把它们当作宠物养非常困难，我经过多年研究后，才收养普亚。"

可爱的食蚁兽

食蚁兽很难家养，它们的饮食需要非常奇怪。为了满足普亚的饮食习惯，古德温必须把绞碎的牛肉和蚕蛹、菠菜、麦麸、亚麻籽及醋参合在一起。她说："往食物里加入一些干酪它会更爱吃。"

食蚁兽是贫齿动物，这类动物共30多种，全部生活在美洲，包括了南美和美洲中部地区，它们与犰狳和树懒有亲缘关系。食蚁兽有三种主要类型：巨型食蚁兽、侏食蚁兽和小食蚁兽。

大食蚁兽重要以蚂蚁为食物，它的舌头在一分钟的吞吐可达160次，一天可以吞下大约3万只蚂蚁。

人工喂养的食蚁兽能活19年，它们非常聪明，而且好奇心很强。此前古德温还曾喂养过一只名叫斯特温的雄性食蚁兽。

要被大量吃掉的袋鼠肉

澳大利亚科研人员在一份报告建议，大量食用袋鼠肉，以减少温室气体排放，改善地球环境。

科学家们认为，牛、羊等反刍动物每天打嗝放屁释放大量温室气体甲烷，但袋鼠不是反刍动物，因此不会排放过多温室气体。

报告呼吁减少牛、羊数量，少吃牛、羊肉，多食袋鼠肉。

负责这项研究的科研人员乔治·威尔逊说，今后12年，将澳大利亚袋鼠数量增加至1.75亿只，同时减少牛和羊的畜养量，可以将澳大利亚的温室气体排放量降低3%。

但他同时承认，澳大利亚畜牧业不会对这项研究结果感兴趣，因为多数澳大利亚人不怎么喜欢吃袋鼠肉。

同时，研究结果遭到澳大利亚野生动物保护协会主席帕特奥布赖恩强烈批评。他说，经历多年干旱，澳大利亚袋鼠数量大为减少，鼓励人们吃袋鼠肉将使这种动物雪上加霜。

海豚战士

海豚的新任务

海豚是一种极其聪明的动物，也是人类的好朋友。在海洋馆里，我们可以看到它们做着各种各样的表演杂技，还带着观众在水中急驶，赢得阵阵喝彩。

人类并不满足于仅仅让海豚进行和平的表演，他们还赋予了海豚以“战士”的角色，利用它们的聪明才智，去战场上冲锋陷阵，成为了现代战争的一员。

这其中，最重要的工作，就是扫雷和警戒巡逻。

驻扎在波斯湾的美军第五舰队司令基廷表示：“我们有足够数量的海豚，它们检测水下物体的能力令人吃惊。海豚身上将携带声纳，可检测它身边112米的范围内的最小3英寸（约7厘米）大小的金属物体。它们是绝对的扫雷能手。”

据悉，美军仅在圣迭哥湾就有80头扫雷海豚，它们可探测水雷，随后由潜水员排雷。

海豚本身并不会排雷，但它们擅长找到水雷的所在地，发送信号标记这一地点，最后由海军潜水员进行排雷工作。

利用自己的“天然特长”，海豚有能力分辨出水中的障碍物到底是自然界的物体还是人造的，它能在约15米之外分辨出滚珠轴承和玉米粒。

早在20世纪60年代，美军就开始开展“美国海军海洋哺乳动物项目”，专门训练海豚和海狮。

据媒体报道，美军此前曾至少两次动用扫雷海豚部队。最近的一次

是2003年入侵伊拉克，美国海军利用8条海豚清理了100多枚水雷。

20世纪90年代，美国曾解密过海军的动物训练项目。军方称，海豚部队只是用于防御的、非战斗性的行动，例如侦查、标记水雷和敌方潜水员，为登陆部队快速标记安全的水上通道等。

美军的海豚除执行巡逻、反潜、排雷等任务外，还执行警戒任务。每条海豚的鼻上装有一只重型夹钳，一旦发现敌方特工人员蓄意破坏美舰艇，它们便一拥而上，用鼻子猛击对方，然后浮出水面吼叫或用嘴拉响警报器通知舰艇上的哨兵。因此，敌人的特工人员无法接近美舰艇。

反对的声音

美国新闻舆论界和著名学者都反对训练海豚作战。有动物保护主义者担心，利用海豚扫雷是否会给海豚造成危险。《本周》杂志称，海豚不会过度接近水雷导致水雷被引爆。但动物保护主义者称，海豚体型较大，可能会意外触发水雷。

另外，由于敌方无法分辨正在接近的海豚到底是美军的扫雷海豚还是无辜的“过路客”，伊朗士兵可以不加选择地袭击任何海豚。

从人道角度看，让海豚上战场确实不妥，但是人类历史的特性决定了，海豚终将在未来的海战中扮演越来越重要的角色。

海豚与声呐

无论是白天还是黑夜，清澈的海水还是浑浊，海豚都能够准确的捕捉到鱼。这是因为海豚具有超声波探测和导航的本领。

超声波在水下能远距离传播，而且它的传播速度是在空气中的4.5倍，因此，水下超声波探测的效能极高。海豚没有声带，其声源来自头部内的瓣膜和气囊系统，海豚把空气吸入气囊系统后，空气流过连接气囊的瓣膜边缘时会发出振动，从而发出声波。海豚头的前部还有一个

“脂肪瘤”，它紧靠在瓣膜和气囊的前面，能够把回声定位脉冲聚焦后再定向发射出去，因此海豚的定位探测能力极强，它能够分辨出3千米以外的鱼类的性质，并能够侦察到15米以外浑水中的2厘米左右的小鱼。

人们在海豚定位技术的启发下，发明了用于舰艇上的声呐系统，从而有效的对水下目标实施探测、定位和通信。

舍身炸坦克——狗中的战斗英雄

被训练的狗

狗，作为人类最忠实的朋友，参加人类的战争已经有很长的历史了。人类使用犬只从事各种有意义的活动，如导盲犬、警犬、缉毒犬、救生犬、辅助治疗的治疗犬等，为人类做出巨大的贡献。

不过有的时候，人类也使用犬只以牺牲自我的代价，直接参与到战争中来。在第二次世界大战中，苏联在与德国法西斯的较量中，使用了自杀犬，身绑炸药，去炸毁德军的坦克。

据说在二战期间，反坦克狗创下了摧毁300辆德国坦克的辉煌战绩。值得注意的是，引反坦克狗并不是机器狗，而是有血有肉的真狗。这些狗被教授在坦克底下找食物，开战前，它们会被饿上好一段时间。

战斗时，这些狗的背上就系着炸弹冲上战场，炸弹上的拨杆只要触到坦克底部就会发生爆炸。后来德国人用喷火器来破坏这种战略，狗慌忙逃离战场，从而减弱了反坦克狗的威力。

适得其反

令人哭笑不得的是，由于条件所限，苏军使用放置食物在自己的坦克下，来训练犬只，结果在战时这些犬往往会偏好接近己方的坦克。此外，狗会避免接近移动中的坦克，而这种情况在战场上会造成敌我不分

的伤亡。

在1942年在一次犬只造成苏联坦克师被迫撤退后，自杀犬就不再被使用。

而且，德军得知苏联使用自杀犬作为反坦克武器后，在东线战场上所有犬只以他们带有狂犬病的借口一见到就射杀。结果犬只变得稀少，用犬只造成意外的打击也变得不可能。

会绘画的海狮

海狮因它的面部长得像狮子而得名。海狮生活在海里，以鱼、蚌、乌贼、海蜇等为食，也常吞食小石子。海狮没有固定的栖息地，每天都要为寻找食物的来源而到处漂游。等到了繁殖季节，它们才选择一块儿固定的地方开始一场争夺配偶的激烈斗争。最后，胜利的雄性会占有许多雌性。雌性怀孕达一年之久，每胎产一仔。

在动物园和水族馆里，海狮是频受欢迎的角色。它聪明、伶俐。经过训练，它可以学会不少高超的技艺，如顶球、投篮、钻圈、用后肢站起来、用前肢站起来倒立走路，甚至跳跃距水面1.5米高的绳索。海狮的胡子比耳朵还灵，能辨别几十千米外的声音。

海狮的聪明才智令人叹服，不过，它们还有令人难以置信的才能。据报道，在英国德文郡一水族馆驯养的两只海狮，能用嘴叼笔在画布上有模有样地涂抹出一幅幅“抽象派画作”。这些画作将被展出并出售，半数收入将被捐献给公益事业。

据英国《每日邮报》，德文郡库姆马丁野生动物园和水族馆这两只海狮名叫摩根和艾罗。起初，工作人员希望通过让海狮随意涂抹颜色的方式帮助它们在非自然环境内排解压力，但一段时间后发现它们竟然在这方面颇具天赋。

工作人员说，两个小家伙最喜欢橙色和红色，画作风格也因心情不同而改变。德文郡艺术家罗伯特希尔说：“我见过一两幅它们的画。我敢肯定，在海狮世界中，它们是值得敬畏的动物。”

报道说，两只海狮现在已经创作了不少画作。这些画明年甚至还将与希尔的作品一起公开展出。届时海狮作品销售所得的一半将被捐献给海洋保护组织。

“四不像”逸事

消失的麋鹿

麋鹿，俗称四不像。麋鹿属于偶蹄目、鹿科、鹿亚科、麋鹿属。被认为是一种灵兽。最为著名的形象是古典小说《封神演义》里姜子牙的坐骑四不像。

一般，雄麋鹿体重可达250千克，角较长，每两年脱换一次。雌麋鹿没有角，体型也较小。因其头似马、角似鹿、尾似驴、蹄似牛而称“四不像”。

麋鹿喜群居，善游泳，喜欢以嫩草和其他水生植物为食。

麋鹿原产于中国长江中下游沼泽地带，在10000～3000年以前相当繁盛，以长江中下游为中心分布，西从山西省北到黑龙江省，在朝鲜和日本也发现过麋鹿化石。后来由于自然气候变化和人类的猎杀，在汉朝末年就近乎绝种，元朝时，蒙古士兵将残余的麋鹿捕捉运到北方以供游猎。

到19世纪时，只剩下在北京南海子皇家猎苑内一群，约200～300头。1866年，被法国传教士大卫神甫发现并带到法国，由法国动物学家米勒·爱德华确定拉丁种名，各国公使用贿赂、偷盗等手段，为自已国家动物园搞到几只。1894年永定河泛滥，冲毁皇家猎苑围墙，残存的麋鹿逃出，被饥民和后来的八国联军猎杀抢劫，从此在中国消失。根据大

量化石和历史资料推断，野生麋鹿大概在150多年前就消失了。

重获新生

1898年英国11世贝福特公爵花重金将流散到巴黎、安特卫普、柏林和科隆的18头麋鹿全部购回，放养到乌邦寺庄园，到1983年已经繁殖到255头，为了防止其灭绝，开始向各国动物园疏散。

在世界动物保护组织的协调下，英国政府决定无偿向中国提供种群，使麋鹿回归家乡。1985年提供22头，放养到原皇家猎苑，北京大兴区南海子，并成立北京南海子麋鹿苑。1986年又提供39头，在江苏省沿海大丰市原麋鹿产地放养，并成立自然保护区。1987年又提供18头。回归后的麋鹿繁殖相当快，1994年中国政府又在湖北省石首市天鹅洲成立第三个麋鹿保护区，从北京前后迁去90多头。

目前，全世界的麋鹿已超过2000头，虽然在中国的麋鹿总数已经繁殖达1320头，但仍然是一个濒危物种。

关于长颈鹿脖子的谜团

长颈鹿脖子的奥妙

长颈鹿的长脖子是由比人手臂还粗的肌肉支撑着，而且它们的前额有一块很坚硬的角状头盖骨，这样一来，它们的长颈就相当于强大的铁臂，头部就成为了无坚不摧的锤子，抡动起来，非常的厉害。曾经有人目睹一只长颈鹿将一头大羚羊的肩膀击碎，使其丧命。

长颈鹿全身上下，包括它那标志性的长脖子，都有美丽的图案，这些图案有的像棕色的圆点，有的像交错的枝条，有的像锯齿。每一只长颈鹿都有自身的图案，就像人的指纹，是独一无二的。

长颈鹿为什么长着长脖子

长颈鹿以脖子长而闻名。它的颈和头的高度约占整个高度的一半以上。解剖学研究证明，长颈鹿脖子的颈椎骨同所有的哺乳动物一样，只有七块，只是每一块颈椎骨都特别长。那么，是什么原因使它的脖子（颈椎骨）变长的呢？这个问题长期以来一直争论不休。

法国生物学家拉马克提出有名的“用进废退”和“获得性状遗传”学说，认为长颈鹿祖先生活的地区，因自然条件变化而成为干旱地带，牧草稀少。长颈鹿为了生存，必须取食于高大树木上的叶子充饥。为达此目的，它就特别努力伸长脖子。由于经常使用的器官愈用愈发达，不使用的器官就退化；而获得性状又是可以遗传的，这样一代一代的延续变化下去，千载万代，颈脖子就逐渐变长了。

达尔文的理论

然而，生物进化论的奠基者——达尔文，却用自然选择学说来解释长颈鹿的长颈：在古代的长颈鹿中，由于个体不同，它们的颈有长有短。在气候干旱，地面青草干枯，灌木死亡的自然条件下，身高脖长的长颈鹿能够吃到身矮脖短的长颈鹿无法吃到的高树木上的叶子，在生存竞争中脖长者得胜而生存下来，逐渐形成今天的长颈鹿。

长颈鹿

长期以来，达尔文的理论都被认为是不可动摇的，长颈鹿的例子也被作为是“进化论”的经典案例而被载入教科书。然而，最近一段时间，随着遗传学的发展，人们对达尔文的个体间变异传袭子孙的见解产生了怀疑。

对达尔文的质疑

问题的关键就在于，达尔文的能传袭子孙的个体间的变异，也就是遗传，与拉马克一样，建立的基础就是认为“获得性状可以遗传”。但是，德国的魏司曼等人认为：生物遗传的实质是不变的，特别是不受环境因素的影响，即个体变异、获得性状都不遗传。这就是两类观点最大的分歧。

1901年，荷兰的德符里斯发现了突然变异，给达尔文学说带来了重大变化。许多学者认为，达尔文学派所提出的通过生存竞争进行自然选择，只在发生了突然变异的个体间起作用，对因环境差异而引起的细微个体变异则毫无作用。

按新达尔文主义——魏司曼、德符里斯学派，对长颈鹿颈长的解释是，古代的长颈鹿，由于发生各种突然变异而出现了长度不等的脖子。其中，颈长的在生存竞争中有利于摄取食物，经过自然选择发展成为今天具有长颈的长颈鹿。

最新的理论

在达尔文以后，有关进化论的论争周期性地出现。日本遗传学家木村资生提出的中性学说认为：长颈鹿的长脖子是在分子水平上进化的结果。由于长颈鹿的遗传物质基础——脱氧核糖核酸的碱基对发生变化，这些变化是对长颈鹿的生存既无利也无害的“中性突变”。这类“中性突变”不受自然选择的控制，它通过“遗传漂变”而在长颈鹿的群体中保存或消失。

也就是说，在长颈鹿群体内的随机交配中，遗传基因发生随机自由组合，使那些表现为“长颈性”变异的基因突变得以固定和逐步积累，

而那些不表现“长颈性”变异的基因突变逐步消失。经过千载万年的发展和巩固，逐步实现长颈鹿中种群的分化，终于形成了今天的“长脖子”新物种——长颈鹿。

总之，关于这个问题的答案，还将继续争论下去。在确凿的证据出现以前，很难说谁的理论究竟更准确，也许是大家理论的综合体也不一定，时间会给我们答案的。

仅次于人类聪明的黑猩猩

在这个世界上，就聪明才智而言，仅次于我们人类的就是黑猩猩了。黑猩猩是一种群居动物，它们生活在非洲的热带雨林当中，是所有猩猩科动物中体型最小的，身高在1.2～1.5米之间。它们的大脑和面部肌肉非常发达，能够做出喜怒哀乐的各种表情，还会使用简单的工具。

在黑猩猩的群体中，会有一个雄性猩猩作为首领。黑猩猩的外交能力很强，群与群之间能够保持往来，母子之间也能长久地保持亲密关系，即使子女分群后，还会回来探望母亲。理毛也是极其重要的社会行为之一，它们相互间

聪明的黑猩猩

安详的理毛无疑是一种社会行为。

黑猩猩具有极高的智商，它们不但可以使用工具，甚至可以制造工具。

比如，为了捕捉蚂蚁，黑猩猩会拿来一根细细的树枝，然后除去叶子，再小心地将树枝插进蚂蚁的洞穴。不一会儿，白蚁便爬满了树枝，黑猩猩就可以把树枝抽出来，用舌头去享受蚂蚁大餐了。而且，在连续使用后，小树枝发生了变形，黑猩猩们还会把树枝掉转头来，使用另外一头。

黑猩猩可以用石块砸开坚果的外壳，用粗棍扩大蜂巢的入口，用树枝、石块作为进攻的武器，用树叶擦去身上的泥土或黏在嘴上的食物，还会把树叶贴在流血的伤口上。有时候，它们还会把树叶放在嘴里咀嚼，然后吐出树叶，当作“海绵”，把存在树洞里的水吸出来。

还有一次，科学家们将一只黑猩猩独自关在一个屋子里，在它够不到的高度挂一串香蕉，屋子里面只有几个小箱子。很快的，黑猩猩就想出了办法，它将箱子一只只的叠加起来，像建造金字塔一样，最后爬上顶层的箱子，顺利取到了香蕉。

此外，黑猩猩还会用咀嚼树叶的方法来获取水分，用石头砸开坚硬的果实，等等。

令人惊叹的是，黑猩猩还具有原始的围猎技能，它们可以像古代的猿人一样，分工明确，捕杀羚羊和小猴子。它们甚至可以寻找一些草药，自我治疗肠胃，调理身体的不适。不过，同我们人类很相似，它们在捕猎的时候很团结，但是，成年雄性黑猩猩在分配食物方面经常会发生争吵的抢夺。

哺乳动物的“冬眠”

很多动物都有冬眠的习惯，例如青蛙、蛇和乌龟等两栖类和爬行类动物，一到冬天就转入地下，变成假死状态越冬，一般称为冬眠。而某些哺乳动物，如熊和蝙蝠那样的哺乳动物冬天也都躲在洞穴里不出来，因此把这叫做冬眠是不合适的，准确的说应该是过冬。

爬行动物冬眠的原因在于，它们都是变温动物，体温受到外界气温的支配。当气温变低时，体温也会随之下降，其活动能力显著降低。所以，在寒冷的冬季，它们预先转入地下，使身体处于假死状态，安全度过冬天。

而当春天气温开始回升时，它们的体温也随之升高，生理机能也逐渐恢复，就相继出来活动了，所以历法上把这个时候称之为惊蛰。

与此相比，熊和蝙蝠之类的哺乳动物的过冬则不过是在温暖的洞穴里躲避严寒。秋天，熊大量地取食树木的果实，把营养变成皮下脂肪贮存起来。棕熊一般都会选择在隐蔽的山坡下、石头下或是大树的树根之间搭窝，然后找一些干草之类的东西垫在窝里，这样，一个舒服的家就建好了。

随着天气的慢慢转冷，它就钻进地下洞穴里安静的躺着，在整个冬季里，它们都不吃不喝，所以必须尽可能减少体力的消耗，因此呼吸和脉搏都会有所减缓。

这样一直到了来年的3月中旬，那时候，它们的体重会减少到秋天时的1/3。母熊在2月份产仔，幼熊必须靠母乳喂养，其间又得不到食物，所以体力消耗极大。当它们从洞穴里出来的时候，就疯狂地把树木的皮剥掉，舔其中流下来的树木甜水，以补充一些养分。

哺乳动物中的“共栖”现象

共栖现象在动物界很常见，在哺乳动物领域里也有很多有趣的例子。

在非洲，人们常能见到鸟类停歇在犀牛、水牛等庞大的动物背上。原来，当这些庞然大物觅食时会惊扰昆虫，昆虫一旦飞起，牛背鹭等鸟类就可以坐享其成，吃掉这些昆虫；而牛鸦主要搜索牛背上的扁虫及其他寄生虫；鸟儿甚至会放肆的把尖尖的嘴巴伸进寄主的耳孔或鼻孔里寻找寄生虫，使它们非常恼火。

其他的例子还有很多。北极狐会追随北极熊，吃它的残羹剩饭，胡狼和鬣狗也会观察天上的兀鹫，根据线索寻找动物的尸体。

在非洲还有一种“示蜜鸟”，它特别爱吃蜂蜜，也爱吃蜜蜂的成虫、幼虫和蜜蜡。示蜜鸟虽然不能独立捣毁蜂巢，但却能够引来其他动物做这个工作，当它发现蜂窝时，就会在林间来回飞翔，发出一种特别的叫声。蜜獾听到叫声，便会循声而来，用强肢捣毁蜂巢，吃里面的蜂蜜和蜜蜂，而示蜜鸟就吃剩下的食物。

卵生的哺乳动物

哺乳动物的世界是千奇百怪的，它们有着许多不为人知的秘密。比如说，绝大多数的哺乳动物都是胎生的，但也不绝对是，就有一种哺乳动物，它是通过卵生来繁育后代的，也就是说，它也会下蛋。

针鼹就是这样一种奇妙的动物，它是现存最原始的哺乳动物之一，主要生活在澳大利亚和新几内亚等地。针鼹外表像刺猬，身上有坚硬的刺，有呈管状的长嘴，口中无牙，鼻孔开在嘴边，舌长并带黏液；四肢坚强，各趾有强大的钩爪，爪长而锐利。它的体温恒定，寒冷时会冬眠。

针鼹身上短小而锋利的棘刺是它的护身符，但这些刺并没有牢牢地长在身上。当遇到敌害时，针鼹会蜷缩成球或钻进松散的泥土中迅速消失，或把有倒钩的刺像箭一样飞速射向敌害体内。针鼹能以惊人的速度掘土为穴将自身埋在土中。

针鼹是世界上仅有的两种单孔目动物之一（另一个是鸭嘴兽）。针鼹以蚂蚁和白蚁为食，能帮助树木清除虫害。它们也是卵生哺乳动物，每年5月左右，雌性针鼹的腹部会长出一个临时育儿袋，产下一个白蛋并用嘴把蛋放入育儿袋中进行孵化，幼针鼹出生后就在母亲的口袋里吮吸经母亲毛孔分泌出来的乳汁，7～8周后断奶，母针鼹的育儿袋也随之消失。

针鼹行动笨拙，视力不发达。它们的繁殖能力不强。因为没有牙齿，针鼹的食物仅仅限于那些能够用舌头捉到的动物。然而，它们却顽强地生存了下来，而且在至少8000万年里没有什么改变。

针鼹之所以能够在严酷的自然环境中成功生存下来，是跟它们的生活方式分不开的。它们最主要的捕食对象是蚂蚁，而蚂蚁是所有昆虫中生存最多的一种，它分布在最广泛的地区。白蚁是针鼹喜爱的食物。针鼹能够非常灵巧地用它那长长的、坚硬的舌头摸索着深入蚁巢，吞食几千只白蚁。它不能咀嚼，因为它没有咀嚼肌，只能把食物放在舌头的后部压碎。

为了觅食，针鼹一天中要来回运行18千米。针鼹还会专门寻找食肉蚁。这种凶猛的食肉蚂蚁是唯一能够冲破针鼹防线的昆虫，但它对针鼹的伤害并不大，因为针鼹从食肉蚁身上得到的好处要比挨咬的损失大得多。

针鼹以古老的生活方式，生存在澳大利亚古老的生态环境中。目前针鼹已是濒临绝种的动物。

大熊猫的杀手——豺

我们在形容一个人残暴的时候，都会用“豺狼成性”来形容，很多人就有了误会，以为“豺狼”是“狼”的形容词，其实不然，“豺”和“狼”是两种动物，它们虽然有亲缘关系，但是实际上却不是一种动物。

豺又叫红狼，形状似狼，但比狼小，体型似犬，头部比较宽，额扁平，短脸，尾巴蓬松。豺为典型的山地动物，栖息于山地草原、亚高山草甸及山地疏林中。多数为结群营游猎生活，性情警觉，嗅觉很发达，豺非常的凶残，它们喜欢群居，一般7或8只为一群，也有成对出没的。多在清晨和黄昏活动。

豺的性格比狼更加凶狠、残暴而且贪婪，它们内部之间如若发生矛盾，也会相互斗殴，互相撕咬。豺聚集一起，就会向比它们大许多倍的庞然大物发起进攻，诸如水牛、鹿等都难逃劫难。即使是近亲狼，也常常丧命于豺的口下。甚至有些时候，豺居然会向熊、豹和虎挑逗和进攻。

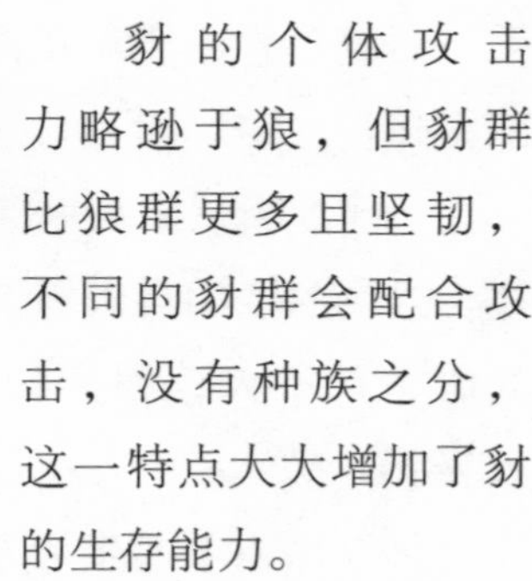

豺

豺的个体攻击力略逊于狼，但豺群比狼群更多且坚韧，不同的豺群会配合攻击，没有种族之分，这一特点大大增加了豺的生存能力。

令人不可思议的

是，豺居然是我国最珍稀的动物——大熊猫的主要天敌，尤其是对于幼年的大熊猫，经常会成为它们的美餐。即使是成年的大熊猫，也很难应对这种残忍成性的动物，唯一保命的“法宝”就是上树。一有风吹草动，闻到或听到豺的动静，大熊猫就会仓皇爬上树，并且不时发出威胁的叫声，邪恶的豺也无可奈何，只得“望树兴叹”。

豺

与人们想象的不同，豺很会调剂自己的生活，它们有时也会吃点甘蔗、玉米、咖啡子之类的素食，开开胃口。

豺的分布比较广泛，我国的西南、华南、东北等地都有豺出没。在国外，尼泊尔、俄罗斯的西伯利亚、蒙古、印度、马来西亚和泰国等地也有分布。

由于栖息地的破坏，猎物数量的减少，家犬传染的疾病以及捕猎，野生豺的数量不到5000只。

令人费解的狼孩

许多野生哺乳动物虽然生性残忍，但是也有柔情的一面。最不可思议的是，有些雌性哺乳动物居然会把人类的孩子叼去抚养，已知的这种现象有狼孩、豹孩等。

狼孩是从小被狼攫取并由狼抚育起来的人类幼童。世界上已知由狼哺育的幼童有10多个，其中最著名的是印度发现的两个。狼孩和其

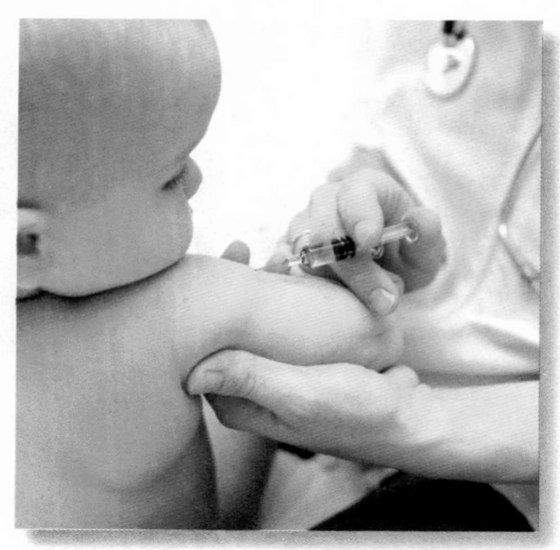

人类如果没有得到良好的后天培养也不会成为现代人

他被野兽抚育的幼童又统称为野孩。

1920年，在印度加尔各答东北的一个名叫米德纳波尔的小城，人们常见到有一种“神秘的生物”出没于附近森林，往往是一到晚上，就有两个用四肢走路的“像人的怪物”尾随在三只大狼后面。后来人们打死了大狼，在狼窝里终于发现这两个“怪物”，原来是两个裸体的女孩。其中大的年约七、八岁，小的约两岁。这两个小女孩被送到米德纳波尔的孤儿院去抚养，还给她们取了名字，大的叫卡玛拉，小的叫阿玛拉。到了第二年阿玛拉死了，而卡玛拉一直活到1929年。这就是曾经轰动一时的“狼孩”一事。

狼孩刚被发现时，生活习性与狼一样；用四肢行走；白天睡觉，晚上出来活动，怕火、光和水；只知道饿了找吃的，吃饱了就睡；不吃素食而要吃肉，在吃的时候不是用手拿，而是放在地上用牙齿撕开吃；他们不会讲话，每到午夜后像狼似的引颈长嚎。卡玛拉经过7年的教育，才掌握45个词，勉强地学几句话，开始朝人的生活习性迈进。她死时估计已有16岁左右，但其智力只相当3、4岁的孩子。

至20世纪50年代末，科学上已知有30个小孩是在野地里长大的，其中20个为猛兽所抚育：5个是熊、1个是豹、14个是狼哺育的，其中最著名的即本文开首讲的印度“狼孩”。

非常讲究清洁的浣熊

浣熊是一种非常惹人喜爱的动物，它的体型比小熊猫略大，吻部狭长，头部略呈三角形，面部有黑色斑，爪子具有半伸缩性，尾巴肥大，具环节。它的体毛混合了灰、黄、棕三色。

浣熊是美洲的典型动物，既能树栖，也能陆栖。它们多生活在树洞里，少数居住于岩石洞中。

浣熊的居住和生活有一个有趣的特点，就是一定要离水很近。因为浣熊吃起食物来非常讲究卫生，它在吃任何一种食物时，都习惯于先放在水里洗干净再食用。因此，人工饲养浣熊的时候，每当喂事物的时候，旁边都要放一盆清水供浣熊进食洗用。

美丽的浣熊

因此，小朋友们应当向浣熊积极学习，讲究卫生，时刻保持身体的清洁和食物的卫生。

浣熊还是典型的夜行动物，它们整个白天都要在洞中蒙头大睡，夜晚才出来寻觅食物，它们的食物如野菜、野果、昆虫、鱼、青蛙、小型啮齿类动物、鸟和鸟卵等，有时候也偷盗人类的家禽。浣熊很善于游泳，常常下到河溪中捕食鱼虾和其他水生生物。

浣熊在春天交配，在树洞和岩洞中产仔，每胎1到4只，幼小的浣熊出生后长得很快，约1岁即可成熟。

浣熊仅分布于北美的东西部，目前数量已经很少，更显得珍贵了。

哺乳动物之最

最原始的哺乳动物

针鼹是现存最原始的哺乳动物之一，它主要生活在澳大利亚和新几内亚等地。针鼹外表像刺猬，身上有坚硬的刺，长有呈管状的长嘴，口中无牙，鼻孔开在嘴边，舌头长并且带黏液；四肢坚强，各趾有强大的钩爪，爪长而锐利。它的体温恒定，寒冷时会冬眠。

最小的熊

马来熊是熊科动物中体形最小的种类。身高约120～150厘米，公熊比母熊略大。体重30～60千克。

马来熊主要生活在热带和亚热带的森林中，性情比较孤独。白天大多待在树上休息，常在夜间活动。马来熊属于杂食性动物，常以树叶、果实、蜂蜜、昆虫及其他小动物为食。马来熊是爬树的专家。

马来熊主要分布在马来西亚、老挝、柬埔寨、越南、泰国、印尼、缅甸、和孟加拉等国，在我国的云南绿春以及西藏自治区芒康也有少量分布。

马来熊已被列入中国国家一级重点保护野生动物名录、濒临绝种野

生动植物国际贸易公约附录Ⅰ，世界自然保护联盟红皮书濒危物种。

最缓慢的哺乳动物

南美赤道地带的三趾蛞蝓的地面爬行速度，介于每分钟1.8米和2.4米之间，或每小时0.1～0.16千米之间。在树上，它可将速度提高到每分钟4.6米，即大约每小时0.27千米。

最大的动物（最大的哺乳动物）

蓝鲸出生时质量为3吨，12个月大时平均质量可达26吨。一只重190吨、长度为27.6米的雌性蓝鲸于1947年被捕获。

陆地上最大的哺乳动物

非洲象是陆地上体形最大的哺乳动物。雄性肩高约3米，质量约5000～6000千克，而雌性肩高约2.5米，质量约3000～3500千克。平均寿命60～70岁。

啮齿类动物中的最长冬眠

居住在加拿大北部和美国阿拉斯加的极地鼠一年的冬眠期为9个月。

最大的灵长类动物

发现于刚果东部的雄性东部低地猿，两足站立高度为1.75米，重达163.4千克。

最小的灵长类动物

最小的灵长类动物是在马达加斯加落叶林中，最近被重新发现的小鼠狐猴。该种动物头部和身体的长度为6.2厘米，尾部长度为13.6厘米，平均质量为30.6克。

最小的鳍脚亚目动物

最小的鳍脚亚目动物是加拉帕戈斯群岛海狗。成年雌性海狗体长为1.2米，质量为27千克。雄性海狗则大得多，平均高度为1.5米，质量为64千克。

寿命最长的猴子

这是一只死于1988年7月10日，名叫波波的雄性白喉卷尾猴，是世界上年龄最大的一只猴子，其时为53岁。

最小的啮齿类动物

有好几个物种堪称这一称号。墨西哥和美国得克萨斯和亚利桑那州

的北部小鼠和巴基斯坦的俾路支小跳鼠，头部和身体的长度都为3.6厘米，尾部长度为7.2厘米。

寿命最长的啮齿类动物

纪录中啮齿类动物最大的年龄为27岁零3个月，这是一只1965年1月12日死于美国华盛顿特区的苏门答腊的冠豪猪。

最高的哺乳动物

雄性长颈鹿的高度可达5.5米。纪录中最高的是一只身高为5.88米名为乔治的马萨伊雄鹿，该鹿于1969年死于英国切斯特动物园。

最为濒危的猫科动物

最为濒危的猫科动物是苏门答腊虎，在野生状态下只有20只。随着巴厘虎和里海虎的灭绝，人们预计，这一物种在不久的将来也将在地球上消失。如同大多数濒危的哺乳动物一样，虎类的主要威胁是狩猎和自然生存领地的丧失。

最大的鳍脚亚目动物

在34种已知的鳍脚亚目动物当中，最大的是亚南极的南部海象。此种雄性海象，从扁平的鼻子顶端向外扩展的鳍状尾的顶部，平均长度为5米，最大体长为3.7米，重达2～3.5吨。经过精确计算的最大的海象标本为雄性，在剥去鲸脂之后重达4吨，长度为6.5米。据估算，它的原始长度为6.85米。该海象1913年2月28日，被屠杀于佐治亚州南部的波塞森海湾。

寿命最长的灵长类动物

1992年2月19日死于美国佐治亚州亚特兰大耶科斯灵长类研究中心的一只名为珈玛，年龄为59岁零5个月的黑猩猩，是纪录中寿命最长的灵长类动物。珈玛于1932年9月出生在耶科斯中心佛罗里达分部。

生活在世界最高地区的哺乳动物

牦牛被称作“高原之舟”，是西藏自治区高山草原特有的牛种，主要分布在喜马拉雅山脉和青藏高原，是生活在世界上海拔最高处的哺乳动物。

最大的啮齿类动物

南美北部的水老鼠，头部和身体的长度为1～1.3米，质量可达79千克。一只在笼中喂肥的该种动物可达113千克。

最原始的鹿科动物

獐属于哺乳纲、偶蹄目、鹿科、獐属，是小型鹿科动物之一种，被认为是最原始的鹿科动物，原产地在中国东部和朝鲜半岛，1870年被引入英国。獐比麝略大。

最臭的哺乳动物

臭鼬，体形大小如家猫。体长512～610毫米，体重920～2440克。

臭鼬用它那特殊的黑白颜色警告敌人。如果敌人靠得太近，臭鼬会低下头来，竖起尾巴，用前爪跺地发出警告。如果这样的警告未被理睬，臭鼬便会转过身，向敌人喷出恶臭的液体。这种液体是由尾巴旁的腺体分泌出来的。在3.5米距离内，臭鼬一般不会打不中目标。这种液体会导致被击中者短时间失明，其强烈的臭味在约800米的范围内都可以闻到。所以绝大部分掠食者，比如美洲野猫、美洲豹，除非它们非常饥饿，一般都会避开臭鼬。

最香的哺乳动物

麝，哺乳纲、偶蹄目、麝科。

麝是产于中亚山地的一种小型粗腿的鹿，雄兽有值钱的麝囊，在鹿类中是唯一具有胆囊者，能分泌麝香。通称“香獐子”。麝香是出自雄麝肚脐和生殖器之间的腺体的分泌物，具有特殊香气，可制成香料，也可入药。

麝分为原麝、香獐、獐子、山驴、林獐等。其体长70～80厘米；肩高低于50厘米；成年雄性体重约80千克，雌性约60千克；寿命一般为15～19年，属于国家一级保护动物。

趣味链接

哺乳动物是地球给我们的最珍贵的礼物，我们应当珍惜它、爱护它，不要让这些奇妙的动物从地球上消失，否则我们人类会很孤单、会很寂寞。

朋友们，行动起来，不要让这些哺乳动物仅仅成为影像中的资料。